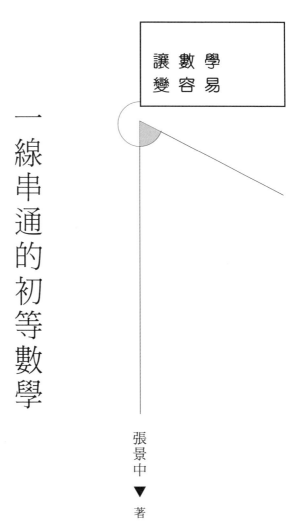

讓數學
變容易

一線串通的初等數學

張景中 ▼ 著

商務印書館

一線串通的初等數學

作　　者：張景中

責任編輯：李倖儀

封面設計：涂　慧

出　　版：商務印書館 (香港) 有限公司

香港筲箕灣耀興道 3 號東滙廣場 8 樓

http: // www.commercialpress.com.hk

發　　行：香港聯合書刊物流有限公司

香港新界大埔汀麗路 36 號中華商務印刷大廈 3 字樓

印　　刷：美雅印刷製本有限公司

九龍觀塘榮業街 6 號海濱工業大廈 4 樓 A 室

版　　次：2018 年 8 月第 1 版第 1 次印刷

© 2018 商務印書館 (香港) 有限公司

ISBN 978 962 07 5774 7

Printed in Hong Kong

版權所有　不得翻印

序

　　我想人的天性是懶的，就像物體有惰性。要是沒甚麼鞭策，沒甚麼督促，很多事情就做不成。我的第一本科普書《數學傳奇》，就是在中國少年兒童出版社的文贊陽先生督促下寫成的。那是 1979 年暑假，他到成都，到我家裏找我。他說你還沒有出過書，就寫一本數學科普書吧。這麼說了幾次，盛情難卻，我就試着寫了，自己一讀又不滿意，就撕掉重新寫。那時沒有計算機或打字機，是老老實實用筆在稿紙上寫的。幾個月下來，最後寫了 6 萬字。他給我刪掉了 3 萬，書就出來了。為甚麼要刪？文先生說，他看不懂的就刪，連自己都看不懂，怎麼忍心印出來給小朋友看呢？書出來之後，他高興地告訴我，很受歡迎，並動員我再寫一本。

　　後來，其他的書都是被逼出來的。湖南教育出版社出版的《數學與哲學》，是我大學裏高等代數老師丁石孫先生主編的套書中的一本。開策劃會時我沒出席，他們就留了「數學與哲學」這個題目給我。我不懂哲學，只好找幾本書老老實實地學了兩個月，加上自己的看法，湊出來交卷。書中對一些古老的話題如「飛矢不動」、「白馬非馬」、「先有雞還是先有蛋」、「偶然與必然」，冒昧地提出自己的看法，引起了讀者的興趣。此書後來被 3 家出版社出版。又被選用改編為數學教育方向的《數學哲學》教材。其中許多材料還被收錄於一些中學的校本教材之中。

　　《數學家的眼光》是被陳效師先生逼出來的。他說，您給文先生寫了書，他退休了，我接替他的工作，您也得給我寫。我經不住他一

再勸說，就答應下來。一答應，就像是欠下一筆債似的，只好想到甚麼就寫點甚麼。5 年積累下來，寫成了 6 萬字的一本小冊子。

這是外因，另外也有內因。自己小時候接觸了科普書，感到幫助很大，印象很深。比如蘇聯伊林的《十萬個為甚麼》、《幾點鐘》、《不夜天》、《汽車怎樣會跑路》；中國顧均正的《科學趣味》和他翻譯的《烏拉‧波拉故事集》，劉薰宇的《馬先生談算學》和《數學的園地》，王峻岑的《數學列車》。這些書不僅讀起來有趣，讀後還能夠帶來悠長的回味和反覆的思索。還有法布林的《蜘蛛的故事》和《化學奇談》，很有思想，有啟發，本來看上去很普通的事情，竟有那麼多意想不到的奧妙在裏面。看了這些書，就促使自己去學習更多的科學知識，也激發了創作的慾望。那時我就想，如果有人給我出版，我也要寫這樣好看的書。

法布林寫的書，以十大卷的《昆蟲記》為代表，不但是科普書，也可以看成是科學專著。這樣的書，小朋友看起來趣味益然，專家看了也收穫頗豐。他的科學研究和科普創作是融為一體的，令人佩服。

寫數學科普，想學法布林太難了。也許根本不可能做到像《昆蟲記》那樣將科研和科普融為一體。但在寫的過程中，總還是禁不住想把自己想出來的東西放到書裏，把科研和科普結合起來。

從一開始，寫《數學傳奇》時，我就努力嘗試讓讀者分享自己體驗過的思考的樂趣。書裏提到的「五猴分桃」問題，在世界上流傳已久。20 世紀 80 年代，諾貝爾獎獲得者李政道訪問中國科學技術大學，和少年班的學生們座談時提到這個問題，少年大學生們一時都沒有做出來。李政道介紹了著名數學家懷德海的一個巧妙解答，用到了高階差分方程特解的概念。基於函數相似變換的思想，我設計了「先借後還」的

情景，給出一個小學生能夠懂的簡單解法。這個小小的成功給了我很大的啟發：寫科普不僅僅是搬運和解讀知識，也要深深地思考。

在《數學家的眼光》一書中，提到了祖沖之的密率 $\frac{355}{113}$ 有甚麼好處的問題。數學大師華羅庚在《數論導引》一書中用丟番圖理論證明了，所有分母不超過 366 的分數中，$\frac{355}{113}$ 最接近圓周率 π。另一位數學家夏道行，在他的《e 和 π》一書中用連分數理論推出，分母不超過 8000 的分數中，$\frac{355}{113}$ 最接近圓周率 π。在學習了這些方法的基礎上我做了進一步探索，只用初中數學中的不等式知識，不多幾行的推導就能證明，分母不超過 16586 的分數中，$\frac{355}{113}$ 是最接近 π 的冠軍。而 $\frac{52163}{16604}$ 比 $\frac{355}{113}$ 在小數後第七位上略精確一點，但分母卻大了上百倍！

我的老師北京大學的程慶民教授在一篇書評中，特別稱讚了五猴分桃的新解法。著名數學家王元院士，則在書評中對我在密率問題的處理表示欣賞。學術前輩的鼓勵，是對自己的鞭策，也是自己能夠長期堅持科普創作的動力之一。

在科普創作時做過的數學題中，我認為最有趣的是生鏽圓規作圖問題。這個問題是美國著名幾何學家佩多教授在國外刊物上提出來的，我們給圓滿地解決了。先在國內作為科普文章發表，後來寫成英文刊登在國外的學術期刊《幾何學報》上。這是數學科普與科研相融合的不多的例子之一。佩多教授就此事發表過一篇短文，盛讚中國幾何學者的工作，說這是他最愉快的數學經驗之一。

1974 年我在新疆當過中學數學教師。一些教學心得成為後來科普寫作的素材。文集中多處涉及面積方法解題，如《從數學教育到教育數學》、《新概念幾何》、《幾何的新方法和新體系》等，源於教學經驗的啟發。面積方法古今中外早已有了。我所做的，主要是提出兩個基本工具（共邊定理和共角定理），並發現了面積方法是具有普遍意義的幾何解題方法。1992 年應周咸青邀請訪美合作時，從共邊定理的一則應用中提煉出消點演算法，發展出幾何定理機器證明的新思路。接着和周咸青、高小山合作，系統地建立了幾何定理可讀證明自動生成的理論和演算法。楊路進一步把這個方法推廣到非歐幾何，並發現了一批非歐幾何新定理。國際著名計算機科學家保伊爾（Robert S. Boyer）將此譽為計算機處理幾何問題發展道路上的里程碑。這一工作獲 1995 年中國科學院自然科學一等獎和 1997 年國家自然科學二等獎。從教學到科普又到科學研究，20 年的發展變化實在出乎自己的意料！

在《數學家的眼光》中，用一個例子說明，用有誤差的計算可能獲得準確的結果。基於這一想法，最近幾年開闢了「零誤差計算」的新的研究方向，初步有了不錯的結果。例如，用這個思想建立的因式分解新演算法，對於兩個變元的情形，比現有方法效率有上千倍的提高。這個方向的研究還在發展之中。

1979-1985 年，我在中國科學技術大學先後為少年班和數學系講微積分。在教學中對極限概念和實數理論做了較深入的思考，提出了一種比較容易理解的極限定義方法——「非 ε 語言極限定義」，還發現了類似於數學歸納法的「連續歸納法」。這些想法，連同面積方法的部分例子，構成了 1989 年出版的《從數學教育到教育數學》的主要內容。這本書是在四川教育出版社余秉本女士督促下寫出來的。書中第一次

提出了「教育數學」的概念，認為教育數學的任務是「為了數學教育的需要，對數學的成果進行再創造。」這一理念漸漸被更多的學者和老師們認同，導致 2004 年教育數學學會（全名是「中國高等教育學會教育數學專業委員會」）的誕生。此後每年舉行一次教育數學年會，交流為教育而改進數學的心得。這本書先後由 3 家出版社出版，從此面積方法在國內被編入多種奧數培訓讀物。師範院校的教材《初等幾何研究》（左銓如、季素月編著，上海科技教育出版社，1991 年）中詳細介紹了系統面積方法的基本原理。已故的著名數學家和數學教育家，西南師大陳重穆教授在主持編寫的《高效初中數學實驗教材》中，把面積方法的兩個基本工具「共邊定理」和「共角定理」作為重要定理，教學實驗效果很好。1993 年，四川都江教育學院劉宗貴老師根據此書中的想法編寫的教材《非 ε 語言一元微積分學》在貴州教育出版社出版。在教學實踐中效果明顯，後來還發表了論文。此後，重慶師範學院陳文立先生和廣州師範學院蕭治經先生所編寫的微積分教材，也都採用了此書中提出的「非 ε 語言極限定義」。

　　十多年之後，受林群先生研究工作的啟發帶動，我重啟了關於微積分教學改革的思考。文集中有關不用極限的微積分的內容，是 2005 年以來的心得。這方面的見解，得到著名數學教育家張奠宙先生的首肯，使我堅定了投入教學實踐的信心。我曾經在高中嘗試過用 5 個課時講不用極限的微積分初步。又在南方科技大學試講，用 16 個課時講不用極限的一元微積分，嚴謹論證了所有的基本定理。初步實驗的，效果尚可，系統的教學實踐尚待開展。

　　也是在 2005 年後，自己對教育數學的具體努力方向有了新的認識。長期以來，幾何教學是國際上數學教育關注的焦點之一，我也因此致

力於研究更為簡便有力的幾何解題方法。後來看到大家都在刪減傳統的初等幾何內容，促使我作戰略調整的思考，把關注的重點從幾何轉向三角。2006 年發表了有關重建三角的兩篇文章，得到張奠宙先生熱情的鼓勵支持。這方面的想法，就是《一線串通的初等數學》一書的主要內容。書裏面提出，初中一年級就可以學習正弦，然後以三角帶動幾何，串聯代數，用知識的縱橫聯繫驅動學生的思考，促進其學習興趣與數學素質的提高。初一學三角的方案可行嗎？寧波教育學院崔雪芳教授先吃螃蟹，做了一節課的反覆試驗。她得出的結論是可行！但是，學習內容和國家教材不一致，統考能過關嗎？做這樣的教學實驗有一定風險，需要極大的勇氣，也要有行政方面的保護支持。2012 年，在廣州市科協開展的「千師萬苗工程」支持下，經廣州海珠區教育局立項，海珠實驗中學組織了兩個班的初中全程的實驗。兩個實驗班有 105 名學生，入學分班平均成績為 62 分和 64 分，測試中有三分之二的學生不會作三角形的鈍角邊上的高，可見數學基礎屬於一般水平。實驗班由一位青年教師張東方負責備課講課。她把《一線串通的初等數學》的內容分成 5 章 92 課時，整合到人教版初中數學教材之中。整合的結果節省了 60 個課時，5 個學期內不僅講完了按課程標準 6 個學期應學的內容，還用書中的新方法從一年級下學期講正弦和正弦定理，以後陸續講了正弦和角公式，餘弦定理這些按常規屬於高中課程的內容。教師教得順利輕鬆，學生學得積極愉快。其間經歷了區裏的 3 次期末統考，張東方老師匯報的情況如下。

從成績看效果

期間經過三次全區期末統考。實驗班學生做題如果用了教材以外的知識，必須對所用的公式給出推導過程。在全區 80 個班級中，實驗班的成績突出，比區平均分高很多。滿分為 150 分，實驗一班有 4 位同學獲滿分，其中最差的個人成績 120 多分。

	實驗 1 班平均分	實驗 2 班平均分	區平均分	全區所有班級排名
七年級下期末	140	138	91	第一名和第八名
八年級上期末	136	133	87.76	第一名和第五名
八年級下期末	145	141	96.83	第一名和第三名

這樣的實驗效果是出乎我意料的。目前，廣州市教育研究院正在總結研究經驗，並組織更多的學校準備進行更大規模的教學實驗。

科普作品，以「普」為貴。科普作品中的內容若能進入基礎教育階段的教材，被社會認可為青少年普遍要學的知識，就普得不能再普了。當然，一旦成為教材，科普書也就失去了自己作為科普的意義，只是作為歷史記錄而存在。這是作者的希望，也是多年努力的目標。書中不當之處，歡迎讀者指正。

目錄

準備出發

數學是一個大花園。

遊覽花園可以有不同的路線。

課堂上學習的教材是一種路線。本書提供了另一條新的路線。

沿着不同的路線遊覽，從不同的角度發現數學的力量和數學的美，會帶來不同的感受。這不同的感受，會引發你更多的思考。

新路線的特點，是把幾何、三角、代數滲透到一起。相互滲透的結果，是道理更清楚了，推理更簡捷了，方法更犀利了。這樣，你可以用同樣的時間和精力把數學學得更好。當然，在考試中或競賽中也能取得更好的成績。

想學好數學就要多思考。數學鍛煉思考，思考提高數學素質。但是思考甚麼？怎樣思考？這正是本書要回答的問題。下面會用大量的事例，讓你在做數學中學習思考，這是作者多年學習和思考的經驗之談。再過幾十年，書裏講的定理公式你會忘記，但你從中學到的思考問題的方法卻會伴你終生。

多想出智慧。思考能夠使知識增值，能讓知識生出知識。即使是看來很簡單的知識，經過一番探索思考，它也會變得更豐富、更活潑，它會和其他的知識聯繫起來，變得更有用、更有力。

探索思考就要有目標、有問題。為了能夠發現或提出好的問題，不但要掌握基礎知識和基本技能，還要有應用意識、創新意識、實驗意識和推理意識。

有應用意識，就是樂於用學過的數學知識解決實際問題或設想的問題，善於從實際或設想的情景中提出數學問題。

有創新意識，就要敢於對所學的數學知識問個為甚麼，為甚麼這樣計算這樣作圖，為甚麼這樣定義這樣推理，題目的條件和結論能不

能變一變，計算推理作圖的方法能不能再改進，為甚麼先學這樣後學那樣，等等。

有實驗意識，就是要動手計算作圖測量，有條件時用電腦和計算機，沒條件就在紙上寫寫畫畫，在做數學過程中學習數學，驗證學過的知識，猜測未知的現象，在數學實驗中發現情況，提出問題。用電腦做數學實驗是啟發思考、節省勞動的好辦法。如果你有電腦，應當裝一個能作圖又能計算的數學教育軟件，它能節省你大量的時間和精力。

有推理意識，就是要力圖用推理和演算來說明問題和預測現象，要有合情推理，更要有演繹推理，嘗試通過推理在作圖之前預見圖形的性質，不做具體計算預見某些計算的結果。力圖用抽象數學模型概括多種可能的實際問題，站高一層，看遠一步。

但所有這一切，不會憑空從天上掉下來，也不會從空空的頭腦裏生出來，你只能從已掌握的知識出發，哪怕從平凡具體的問題出發。知識學到手才能應用，創新只能溫故知新、推陳出新，實驗就要會算、會畫、會用電腦，推理演算必須熟悉邏輯用語和基本的規矩模式、運算公式和法則。

在小學數學中，學過有關三角形的一些知識，其中兩條是你到老也不能忘掉的寶貝。

第一條，三角形的內角和等於 180°。

第二條，三角形的面積等於底和高乘積的一半。

從這兩條出發，你能思考探索出哪些新的知識呢？

讓我們立刻嘗試，讓我們出發吧。

第一站

正弦和
正弦定理

1. 溫故知新舉一反三

把知識編號或命名，會帶來很大方便。世界上第一部幾何教科書，古希臘歐幾里得寫的經典名著，就是把幾何知識一條一條編了號的，每一條叫做一個「命題」。

我們從小學裏學習過的兩條開始。

命題 1.1（三角形內角和定理） 三角形內角和等於 180°。

命題 1.2（三角形面積公式） 三角形面積等於底和高的乘積的一半。

從這兩條出發，通過分析思考，你能得到哪些新的知識呢？

思考的基本要領，是溫故知新，舉一反三。

兩直線相交形成四個角。三角形頂點處只畫出一個角。如果進一步考慮另外三個角，就叫做舉一反三。

關於三角形內角和定理的思考

如圖 1-1，把 $\triangle ABC$ 的 BC 邊延長至 D，則 $\angle ACD = 180° - \angle ACB$，但根據三角形內角和定理，又有 $180° - \angle ACB = \angle A + \angle B$，故 $\angle ACD = \angle A + \angle B$。

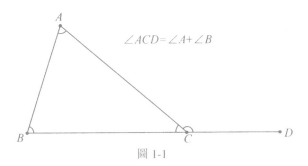

圖 1-1

今後把三角形一邊的延長線和相鄰邊所成的角，例如圖 1-1 中的 $\angle ACD$，叫做三角形的外角，而三角形另外兩個內角叫做這個外角的內對角。這樣，我們從命題 1.1 得到的新知識 $\angle ACD = \angle A + \angle B$ 便可以陳述為

命題 1.3　三角形的外角等於兩內對角之和。

順便知道，三角形的外角大於內對角。

剛才增加一個角考慮，得到一點新知識。減少一個角呢？

三個內角和為 180°，兩個內角的和自然小於 180°。

把三角形的三條邊都延長，成了圖 1-2 的樣子。

圖 1-2 中，被直線 AB 所截的兩條直線，在 AB 右側相交，則 $\angle 4 + \angle 5 < 180°$，$\angle 3 + \angle 6 > 180°$；如果在 AB 的左側相交，則 $\angle 3 + \angle 6 < 180°$，$\angle 4 + \angle 5 > 180°$。

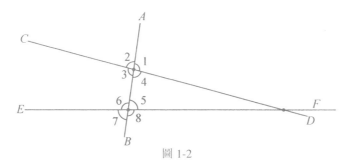

圖 1-2

總之，若兩直線相交，必有 $\angle 4 + \angle 5 \neq 180°$，$\angle 3 + \angle 6 \neq 180°$。

於是得知，過直線外一點至多只能作直線的一條垂線。

反之，如果 $\angle 4 + \angle 5 = 180°$（則 $\angle 3 + \angle 6 = 180°$），兩條直線就不會相交了（圖 1-3）。

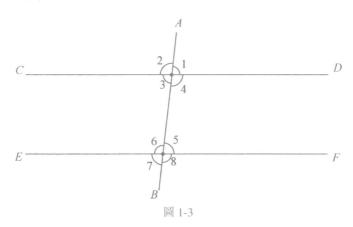

圖 1-3

這樣反向思維，是發現問題的常用方法，更是數學推理的重要路數。

圖 1-2 中所標識出來的八個角中，∠4 和 ∠5，∠3 和 ∠6 都叫做同旁內角；∠3 和 ∠5，∠4 和 ∠6 叫做內錯角；∠1 和 ∠5，∠2 和 ∠6，∠3 和 ∠7，∠4 和 ∠8 叫做同位角。

這樣給特定的對象命名，不僅方便陳述，而且有利於思考。

容易看出，這八個角中，只要有一對同旁內角互補，則另一對同旁內角也互補，兩對內錯角相等，四對同位角相等；只要有一對同位角相等或內錯角相等，則兩對同旁內角互補，兩對內錯角相等，四對同位角相等。

不相交的兩條直線叫做平行線，直線 CD 和 EF 平行，記做 $CD \mathbin{/\mkern-5mu/} EF$。所以從 ∠4 + ∠5 = 180° 推出兩條直線不相交也就可以陳述為

命題 1.4（平行線判定法）　兩直線被第三條直線所截，若有一對同旁內角互補，或一對同位角相等，或一對內錯角相等，則兩直線平行。

這個判定方法同時也提供了平行線的作圖方法。

更詳細的考察，還能得到

命題 1.5（平行線的性質）　兩平行直線被第三條直線所截，則同旁內角互補，同位角相等，內錯角相等。

從上面兩個命題可以看到

命題 1.6　過一條直線外一點，有一條且僅有一條直線和該直線平行。

如果 a，b，c 這三條直線中，有 $a \mathbin{/\mkern-5mu/} b$ 和 $b \mathbin{/\mkern-5mu/} c$，則 a 和 c 不可能相交，否則通過交點就有兩條直線平行於 b 了，因此必有 $a \mathbin{/\mkern-5mu/} c$，這叫做平行關係的傳遞性。

直線長度無限。兩條直線是否相交可能涉及圖形在很遠很遠處的情形。我們無需借助望遠鏡，可以就近根據眼前的圖形來判定，這顯

示出數學思維的力量。

眼前的三角形和走向無窮的平行線，它們之間的聯繫是相互的。如果肯定了命題 1.5（平行線的性質），也能得到三角形內角和為 180° 的結論。這只要在圖 1-1 上添加一條和 AB 平行的射線 CE 就能看出來。如圖 1-4，由 $AB \mathbin{/\!/} CE$，可得 $\angle A = \angle 2$（內錯角）和 $\angle B = \angle 1$（同位角），於是

$$\angle A + \angle B + \angle ACB = \angle 2 + \angle 1 + \angle ACB = 180° \, 。$$

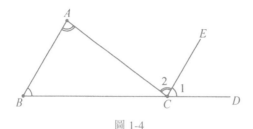

圖 1-4

【例 1.1】 如圖 1-5，試計算 $\angle A + \angle B + \angle C + \angle D + \angle E = ?$

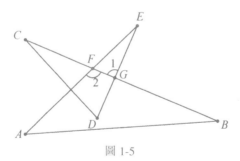

圖 1-5

解 應用三角形的外角等於兩內對角之和，得 $\angle C + \angle D = \angle 1$，$\angle 1 + \angle E = \angle 2$，便得 $\angle A + \angle B + \angle C + \angle D + \angle E = \angle A + \angle B + \angle 1 + \angle E = \angle A + \angle B + \angle 2 = 180° \, 。$

【例 1.2】 如圖 1-6，已知 $AB \mathbin{/\!/} CD$，$\angle 1 = 29°$，$\angle 2 = 51°$，求 $\angle F = ?$

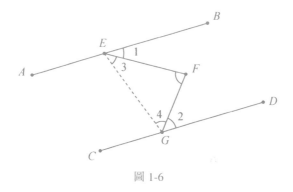

圖 1-6

解　根據平行線同旁內角互補可得 $\angle 1 + \angle 2 + \angle 3 + \angle 4 = 180°$，再用三角形內角和定理得 $\angle F = 180° - (\angle 3 + \angle 4) = \angle 1 + \angle 2 = 29° + 51° = 80°$。

上面兩個例子表明，有時不用測量，靠思考就能得到某些幾何量的數據。

通過思考，一條知識生出了好幾條知識。

關於三角形面積公式的思考

圖 1-7(a) 是三角形面積公式的說明。底邊延長如圖 1-7(b)，多出了 $\triangle PBM$。這又是舉一反三，用的還是在角的頂點處延長線段的手段。

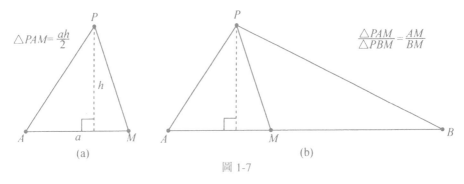

圖 1-7

$\triangle PBM$ 和原來的 $\triangle PAM$ 有共同的高，所以它們面積的比等於底的比。這個事實可以陳述為

命題 1.7 (共高定理)　若 M 在直線 AB 上，P 為直線 AB 外一點，則有

$$\frac{\Delta PAM}{\Delta PBM} = \frac{AM}{BM} \text{。}\tag{1-1}$$

可以想像，有些問題中也許只要知道兩個三角形面積的比，而並不需要具體計算出面積來，這時共高定理提供的信息就比面積公式有用了。

　　這裏和以後，記號 ΔXYZ 既用來表示三角形 XYZ，在不會有歧義時也表示三角形 XYZ 的面積。這正如 XY 有時表示線段 XY，有時表示線段 XY 的長度一樣。

　　從共高定理推陳出新提出問題：如果兩個三角形沒有共同的高，能求面積比嗎？

　　這樣想問題，叫做求異思維。

　　若在圖 1-7(b) 中將 PM 延長到 Q，如圖 1-8，出現了更多的三角形，其中 ΔAPQ 和 ΔBPQ 並不共高，但兩者之間卻有一條共高三角形的關係鏈：$\Delta APQ - \Delta APM - \Delta BPM - \Delta BPQ$，接連三次用共高定理，有

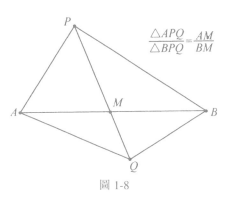

圖 1-8

$$\frac{\Delta APQ}{\Delta BPQ} = \frac{\Delta APQ}{\Delta APM} \cdot \frac{\Delta APM}{\Delta BPM} \cdot \frac{\Delta BPM}{\Delta BPQ}$$

$$= \frac{PQ}{PM} \cdot \frac{AM}{BM} \cdot \frac{PM}{PQ} = \frac{AM}{BM} \text{。}\tag{1-2}$$

　　注意在 (1-2) 式推導的過程中只用到 M 在直線 AB 上和 M 在直線 PQ 上這兩條信息，所以可以總結為

命題 1.8（共邊定理）　若兩直線 AB 和 PQ 交於 M，則有

$$\frac{\triangle APQ}{\triangle BPQ} = \frac{AM}{BM} \text{。}$$ (1-3)

為何叫做共邊定理？因為 $\triangle APQ$ 和 $\triangle BPQ$ 有公共邊 PQ。

共邊定理可以更簡捷地推出：延長 MP 至 N，使得 $MN = PQ$，立刻看出

$$\frac{\triangle APQ}{\triangle BPQ} = \frac{\triangle AMN}{\triangle BMN} = \frac{AM}{BM} \text{。}$$

圖 1-8 僅僅是共邊定理的四種情形之一。全部四種情形見圖 1-9。圖中情形 (d) 在應用中很容易被忽略。

想一想，還有沒有別的情形呢？如果沒有，為甚麼？如果有，能畫出來嗎？

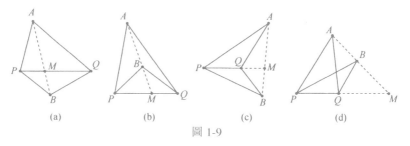

(a)　　　　(b)　　　　(c)　　　　(d)

圖 1-9

從圖 1-9 的 (b) 和 (d) 看到，若 A 和 B 在直線 PQ 同側且直線 PQ 和 AB 相交於 M，則兩線段 $AM \neq BM$。由於共邊定理

$$\frac{\triangle APQ}{\triangle BPQ} = \frac{AM}{BM} \text{，}$$

所以 $\triangle APQ \neq \triangle BPQ$。從反面想，如果 $\triangle APQ = \triangle BPQ$，則直線 PQ 和 AB 不可能相交。這可以陳述為

命題 1.9（平行線面積判定法）　若 A 和 B 在直線 PQ 同側且 $\triangle APQ = \triangle BPQ$，則 $AB \mathbin{/\mkern-5mu/} PQ$。

有點意思吧！小學裏的兩條知識都和平行線掛上了鈎！

從共邊定理推陳出新提出問題：兩個三角形沒有公共邊，能求其面積比嗎？

這又是求異思維！

下面看看兩個三角形有相等角或互補角的情形。如圖 1-10，$\triangle ABC$ 和 $\triangle XYZ$ 有相等的角：$\angle ABC = \angle XYZ$，$\triangle ABC$ 和 $\triangle XYZ'$ 有互補的角：$\angle ABC + \angle XYZ' = 180°$，兩次應用共高定理可以得到：

$$\frac{\triangle ABC}{\triangle XYZ} = \frac{\triangle ABC}{\triangle XBC} \cdot \frac{\triangle XBC}{\triangle XYZ} = \frac{AB}{XY} \cdot \frac{BC}{YZ},$$

$$\frac{\triangle ABC}{\triangle XYZ'} = \frac{\triangle ABC}{\triangle XBC} \cdot \frac{\triangle XBC}{\triangle XYZ'} = \frac{AB}{XY} \cdot \frac{BC}{YZ'}。$$

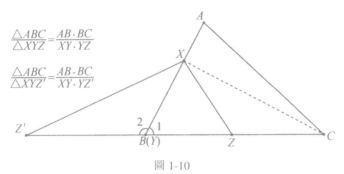

$$\frac{\triangle ABC}{\triangle XYZ} = \frac{AB \cdot BC}{XY \cdot YZ}$$

$$\frac{\triangle ABC}{\triangle XYZ'} = \frac{AB \cdot BC}{XY \cdot YZ'}$$

圖 1-10

於是總結出

命題 1.10（共角定理） 若 $\angle ABC = \angle XYZ$ 或 $\angle ABC + \angle XYZ' = 180°$，則有

$$\frac{\triangle ABC}{\triangle XYZ} = \frac{AB \cdot BC}{XY \cdot YZ}。 \tag{1-4}$$

【例 1.3】 如圖 1-11，$AB /\!/ PQ$，$AB = u$，$PQ = v$，四邊形 $ABQP$ 面積為 s。求 $\triangle APQ$ 和 $\triangle BPQ$ 的面積。

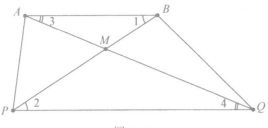

圖 1-11

解　因為 $AB /\!/ PQ$，根據兩直線平行內錯角相等，得 $\angle ABP = \angle QPB$，由共角定理得

$$\frac{\triangle ABP}{\triangle BPQ} = \frac{AB \cdot BP}{BP \cdot PQ} = \frac{AB}{PQ} = \frac{u}{v} \tag{1-5}$$

設 $\triangle BPQ = x$，則 $\triangle ABP = s - x$，則從（1-5）式得到

$$\frac{s-x}{x} = \frac{u}{v}，\tag{1-6}$$

解出

$$\triangle BPQ = x = \frac{vs}{u+v}，$$

同樣過程得到

$$\triangle APQ = \frac{vs}{u+v}。$$

從此例可得

命題 1.11（平行線的面積性質）　若 $AB /\!/ PQ$，則 $\triangle APQ = \triangle BPQ$。

如果在圖 1-11 中僅僅要求推導出 $\triangle APQ = \triangle BPQ$ 而不具體計算面積，則只要推出 $\triangle AMP = \triangle BMQ$。由 $\angle 1 = \angle 2$，$\angle 3 = \angle 4$，對 $\triangle ABM$ 和 $\triangle QPM$ 用共角定理得

$$\frac{MB \cdot BA}{MP \cdot PQ} = \frac{\triangle ABM}{\triangle QPM} = \frac{MA \cdot BA}{MQ \cdot PQ}。\tag{1-7}$$

化簡後得到

$$\frac{MB}{MP} = \frac{MA}{MQ} \, 。 \tag{1-8}$$

再由 $\angle AMP = \angle BMQ$，對 $\triangle AMP = \triangle BMQ$ 用共角定理，用（1-8）式代入得到

$$\frac{\triangle AMP}{\triangle BMQ} = \frac{MA \cdot MP}{MQ \cdot MB} = \frac{MB}{MP} \cdot \frac{MP}{MB} = 1 \, , \tag{1-9}$$

這表明 $\triangle AMP = \triangle BMQ$，從而 $\triangle APQ = \triangle BPQ$。

【例 1.4】 如圖 1-12，$AB /\!/ PQ$，直線 PA 和 QB 交於 R，PB 和 QA 交於 S，RS 和 PQ 交於 M。若已知 $PQ = 10$，求 $PM = ?$

解 用數學繪圖軟件作圖測量發現 $PM = MQ$，試作推導。應用共邊定理以及由 $AB /\!/ PQ$ 得到的 $\triangle PAB = \triangle QAB$，可得

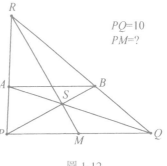

$PQ = 10$
$PM = ?$

圖 1-12

$$\frac{PM}{MQ} = \frac{\triangle PRS}{\triangle QRS} = \frac{\triangle PRS}{\triangle PSQ} \cdot \frac{\triangle PSQ}{\triangle QRS} = \frac{RB}{BQ} \cdot \frac{PA}{AR} = \frac{\triangle RAB}{\triangle QAB} \cdot \frac{\triangle PAB}{\triangle RAB} = 1 \, ,$$

所以

$$PM = MQ = \frac{PQ}{2} = 5 \, 。$$

別以為這個題目簡單，它曾是一道數學競賽問題呢。

本節就要結束了。回顧一下，我們從熟知的兩條知識獲得了多少新鮮知識啊！從下面的習題你會看到，稍微用一下這些新知識，就能解決看起來頗難下手的問題。思考和不思考真是大不一樣。再看看想想，我們是如何發現問題引發思考的呢？僅僅把線段延長一下，就引出了

多少問題啊！還有，從反面着想也引出了問題。改變命題中的條件，也引出了問題。會提出問題，就能引發思考，就能發現事物間的聯繫，就可能獲得新知識。

習題 1.1　如圖 1-13，求五星形的 5 個角的度數之和。

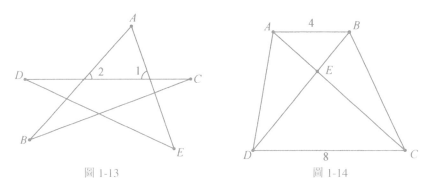

圖 1-13　　　　　　　　　　　　　　圖 1-14

習題 1.2　如圖 1-14，已知 *AB* // *DC*，*AB* = 4，*CD* = 8，梯形 *ABCD* 面積為 36。求 $\triangle ABE$，$\triangle BCE$，$\triangle CDE$，$\triangle DAE$ 的面積。

習題 1.3（三角形中等角對等邊）　已知 $\triangle ABC$ 中 $\angle B = \angle C$。試用共角定理推出 $AB = AC$。

習題 1.4（三角形分角線性質）　點 *P* 在 $\triangle ABC$ 的 *BC* 邊上，使得 $\angle BAP = \angle CAP$。

試用共高定理和共角定理推出

$$\frac{PB}{PC} = \frac{AB}{AC} \text{。}$$　　　　　　　(1-10)

習題 1.5　點 *P* 在 $\triangle ABC$ 的 *BC* 邊上，使得 *BP* = 2*PC*；點 *Q* 在 $\triangle ABC$ 的 *AC* 邊上，使得 *CQ* = 3*QA*；線段 *AP* 和 *BQ* 相交於 *R*，試用共高定理和共邊定理計算比值 *PR* / *RA*。如有條件，用數學繪圖軟件作圖並測量來驗證你的計算結果。

習題 1.6　點 *P* 在 $\triangle ABC$ 內，*AP* 延長後交 *BC* 於 *D*；*BP* 延長後交

AC 於 E，CP 延長後交 AB 於 F。試用共邊定理推出下面兩個等式：

(i) $\dfrac{PD}{AD} + \dfrac{PE}{BE} + \dfrac{PF}{CF} = 1$；(ii) $\dfrac{AF}{FB} \cdot \dfrac{BD}{DC} \cdot \dfrac{CE}{EA} = 1$。

2. 面積計算引出正弦

三角形面積是一個常説常新的話題。我們將一再回到這個話題。

還是溫故知新：三角形面積等於底和高乘積的一半。

再用求異思維提問題：如果不知道高，還能計算三角形的面積嗎？

例如，一塊三角形的水稻田，測量三角形的高不方便，只能在田埂上走來走去，怎樣測量計算這塊田的面積？

下面是一個有啟發性的例子：

【例 2.1】　如圖 2-1，大三角形 ABC 的兩邊 $AB = 5$，$AC = 7$；點 D 在 AB 邊上，點 E 在 AC 邊上，$AD = AE = 1$。若已經知道小 $\triangle ADE$ 的面積為 s，如何計算大 $\triangle ABC$ 的面積？

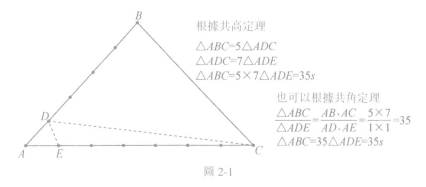

根據共高定理
$\triangle ABC = 5\triangle ADC$
$\triangle ADC = 7\triangle ADE$
$\triangle ABC = 5 \times 7\triangle ADE = 35s$

也可以根據共角定理
$\dfrac{\triangle ABC}{\triangle ADE} = \dfrac{AB \cdot AC}{AD \cdot AE} = \dfrac{5 \times 7}{1 \times 1} = 35$
$\triangle ABC = 35\triangle ADE = 35s$

圖 2-1

從圖 2-1 的說明中，我們不但看到了例題的解答，還找到了計算三角形面積的新思路。按這個思路，只要知道了 $\triangle ADE$ 的面積 s，就可以根據兩邊 AB 和 AC 的長度，求出 $\triangle ABC$ 的面積。

$\triangle ABC$ 是任意三角形，$\triangle ADE$ 是一類特殊三角形。把一般問題化歸為特殊問題，是數學中常用的化繁為簡的思想。

$\triangle ADE$ 有甚麼特點？

第一，它的兩條邊 $AD = AE$。一般說，有兩條邊相等的三角形叫做等腰三角形，相等的這兩條邊叫做等腰三角形的腰，兩腰的夾角叫做等腰三角形的頂角，頂角的對邊叫做等腰三角形的底，底和腰的夾角叫做底角。因此，$\triangle ADE$ 是以 $\angle A$ 為頂角的等腰三角形。

第二，$AD = AE = 1$，所以 $\triangle ADE$ 是腰長為單位長度的等腰三角形。我們把這樣的三角形叫做單位等腰三角形。

如果單位等腰三角形 ADE 的頂角 A 是直角，它的面積顯然等於 1/2。

如果頂角不是直角呢？如圖 2-2，這面積就要打折扣。

打多少折扣呢？這折扣和單位等腰三角形的頂角 A 的大小有關。

所謂折扣，就是頂角為 A 的單位等腰三角形的面積和頂角為直角的單位等腰三角形的面積的比。

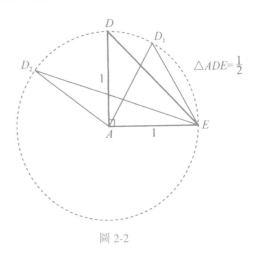

圖 2-2

為方便表達，引進下面的定義：

定義 2.1　頂角為 A 的單位等腰三角形的面積和頂角為直角的單位等腰三角形的面積的比（它等於頂角為 A 的單位等腰三角形的面積的 2 倍），叫做角 A 的正弦，記做 $\sin(A)$，或省略括弧記做 $\sin A$。

至於為甚麼叫正弦，為甚麼用 sin 這個記號，有它歷史的原因，以後另作交代。

這樣一來，就可以説圖 2-1 中的小 ΔADE 的面積為

$$s = \frac{1}{2}\sin A \text{。}$$ (2-1)

於是，例 2.1 中所求大 ΔABC 的面積就是

$$\Delta ABC = 35\Delta ADE = \frac{35}{2}\sin A \text{。}$$ (2-2)

把例 2.1 一般化，就得到

命題 2.1（已知兩邊一夾角的三角形面積公式） 設任意 ΔABC 的三邊為 $a = BC$，$b = AC$，$c = AB$，則有

$$\Delta ABC = \frac{bc\sin A}{2} = \frac{ac\sin B}{2} = \frac{ab\sin C}{2} \text{。}$$ (2-3)

但是，公式裏面的 $\sin A$ 究竟是多少呢？

根據定義，我們能夠知道一些有關 sin 記號的信息，例如：

頂角為 $90°$ 的單位等腰三角形面積為 $1/2$，所以

$$\sin 90° = 2 \times \frac{1}{2} = 1 \text{。}$$ (2-4)

頂角為 $0°$ 或 $180°$ 的單位等腰三角形退化為線段，面積為 0，所以

$$\sin 0° = \sin 180° = 0 \text{。}$$ (2-5)

如圖 2-3，頂角互補的兩個單位等腰三角形面積相等，所以

$$\sin(180° - A) = \sin A \text{。}$$ (2-6)

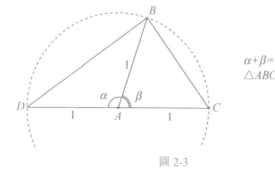

圖 2-3

總結（2-4）～（2-6）式，得到

命題 2.2（正弦的基本性質）

(i) 平角和 0° 角正弦為 0：$\sin 0° = \sin 180° = 0$；

(ii) 直角正弦為 1：$\sin 90° = 1$；

(iii) 互補角正弦相等：$\sin(180° - A) = \sin A$。

為了計算面積，我們無中生有，給一個不熟悉的東西起個名字，約定一個記號 sin，於是就能研究這個記號的性質了，這叫做建構性思維。

進一步問，對於其他的角度，例如 60°，或者 77°，對應的正弦值是多大呢？

這些值可以用計算機或電腦算出來。在過去沒有計算機和電腦的年代，可以從專門編製的正弦表中查出來。圖 2-4 是從 0° 到 99° 的正弦表，表中是這些角度的正弦的近似值。

要查 45° 的正弦值，可以在首行找到 40°，在首列找到 5°；5° 所在的行和 40° 所在列交叉處查到 0.7071，就得到 $\sin 45° \approx 0.7071$。

正弦表

	0°	10°	20°	30°	40°	50°	60°	70°	80°	90°
0°	0.0000	0.1736	0.3420	0.5000	0.6428	0.7660	0.8660	0.9397	0.9848	1.0000
1°	0.0175	0.1908	0.3584	0.5150	0.6561	0.7771	0.8746	0.9455	0.9877	0.9998
2°	0.0349	0.2079	0.3746	0.5299	0.6691	0.7880	0.8829	0.9511	0.9903	0.9994
3°	0.0523	0.2250	0.3907	0.5446	0.6820	0.7986	0.8910	0.9563	0.9925	0.9986
4°	0.0698	0.2419	0.4067	0.5592	0.6947	0.8090	0.8988	0.9613	0.9945	0.9976
5°	0.0872	0.2588	0.4226	0.5736	0.7071	0.8192	0.9063	0.9659	0.9962	0.9962
6°	0.1045	0.2756	0.4384	0.5878	0.7193	0.8290	0.9135	0.9703	0.9976	0.9945
7°	0.1219	0.2924	0.4540	0.6018	0.7314	0.8387	0.9205	0.9744	0.9986	0.9925
8°	0.1392	0.3090	0.4695	0.6157	0.7431	0.8480	0.9272	0.9781	0.9994	0.9903
9°	0.1564	0.3256	0.4848	0.6293	0.7547	0.8572	0.9336	0.9816	0.9998	0.9877

圖 2-4

要查 120° 的正弦值，可利用互補角正弦相等，用 120° 的補角 60° 來代替 120°，得到 $\sin 120° = \sin 60° \approx 0.8660$。

【例 2.2】 $\triangle MNP$ 的兩邊 $MN = 23\text{m}$，$NP = 15\text{m}$，$\angle MNP = 110°$，求其面積。

解 直接用三角形面積公式 (2-3) 得到

$$\triangle MNP = \frac{23 \times 15 \times \sin 110°}{2} \approx \frac{23 \times 15 \times 0.9397}{2} \approx 162.1(\text{m}^2)。$$

【例 2.3】 四邊形 $ABCD$ 的面積為 S，對角線 AC 和 BD 交於 P，$\angle APD = \alpha$，則

$$S = \frac{AC \cdot BD \cdot \sin\alpha}{2}。 \tag{2-7}$$

這只要將四邊形 $ABCD$ 分成 $\triangle APB$、$\triangle BPC$、$\triangle CPD$ 和 $\triangle DPA$ 四塊，分別計算其面積再相加就看出來了。

現在，我們有了一個求三角形面積的新公式，知道了三角形的兩條邊和所夾的角，就能計算其面積。

新公式的好處是把長度、角度和面積三種幾何量聯繫起來了。這個公式不僅能夠計算面積，還能夠用來研究圖形的性質。為了計算面積，引進一個新名詞「正弦」和記號「sin」。在繼續學習數學的過程中，你會認識到它是一個非常重要的角色。

現在我們對這個新記號知之甚少。對於不了解或了解不多的東西，先起個名字再說，這是思考數學問題的高級策略，是準備打持久戰的策略。有了名字就能寫出公式，就能方便地討論。新認識的朋友要交換名片，互相知道了名字就好聯繫，就便於進一步的合作交往了。

【補充資料 1】

按定義 2.1，$\sin A$ 是頂角為 A 的單位等腰三角形的面積的 2 倍。

兩個一樣的單位等腰三角形可以拼成一個邊長為 1 的菱形，所以也可以用單位菱形面積直接定義正弦。

　　矩形用單位正方形去度量，結果得出長乘寬的面積公式。那麼平行四邊形的面積怎樣求？自然是用單位菱形，同樣可以得出平行四邊形的面積是「兩邊長的乘積，再乘上單位菱形面積的因子」，原理完全相同。類比矩形面積公式，把平行四邊形分成若干邊長為 1 的菱形來計算其面積，如圖 2-5。

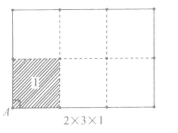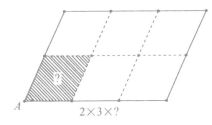

圖 2-5

　　由此引進定義，把邊長為 1，有一個角為 A 的菱形面積記做 sin$A$。

　　於是，容易得到平行四邊形的面積公式

$$\square ABCD = AB \cdot AD \cdot \sin A \text{。}$$

取它的一半，得到三角形面積公式

$$\triangle ABC = \frac{bc\sin A}{2} = \frac{ac\sin B}{2} = \frac{ab\sin C}{2} \text{。}$$

　　和傳統的用直角三角形的兩邊比定義正弦比較，這樣引進正弦至少有三個好處：不依賴相似的知識和比的概念，難度降低了；銳角、直角和鈍角的正弦都有定義，範圍拓寬了；不必像傳統定義中用逼近的辦法來解釋直角的正弦，表達更嚴謹了。

　　一個明顯的事實是，單位正方形壓扁了成為單位菱形，兩者的區別在於角 A。A 是直角，面積為 1，A 不是直角，面積就要打折扣，這

個折扣和 A 有關，記做 $\sin A$。這樣，$\sin A$ 有一個意思：折扣。

嚴格說來，用單位菱形面積定義正弦，幾何上還應當有些準備，才能嚴謹。如果用單位菱形的一半，即單位等腰三角形面積的兩倍來定義正弦，就更加嚴謹，所需的幾何準備更少。但用單位菱形面積定義正弦更直觀，和已有的知識有更多的關聯，更容易理解和記憶。

習題 2.1　ΔPQR 中，$PQ = 25$，$QR = 8$，$\angle PQR = 80°$，求 ΔPQR 的面積。

習題 2.2　已知 ΔABC 的面積為 33m^2，$B = 150°$，$c = 9\text{m}$，求 a 邊的長度。

習題 2.3　已知 ΔMNK 中 $MN = c$，$MK = 20$，MN 邊上的高 $h = 12$；設 $\angle KMN$ 是鈍角，試估計 $\angle KMN$ 的度數。有條件時用數學繪圖軟件作圖測量，驗證你的答案。

習題 2.4　邊和邊不相交的多邊形叫做簡單多邊形。已知簡單四邊形 $ABCD$ 的對角線。$AC = 5$，$BD = 8$，直線 AC 和 BD 所成的角 $\theta = 30°$，求四邊形 $ABCD$ 的面積。

3. 活用公式算邊求角

舉一反三常能推陳出新。

舉一反三可以在圖形上做文章，也可以在公式上做文章。

數學中的公式常常有多種用途。知道了矩形的面積和矩形的長，就可以利用矩形面積公式來計算矩形的寬。每當我們知道一個公式，不妨多想一想，能不能對這個公式做進一步的開發，讓它幫我們解決更多的問題。

圖形的性質常常可以用一些幾何量之間的關係來描述。平面上最基本的幾何量就是長度、角度和面積。三角形面積公式 (2-3) 把這三種幾何量聯繫起來，它不僅能夠用來計算面積，還能幫我們計算其他的幾何量，成為探究圖形性質的有用工具。

　　如圖 3-1，C 為直角，則 $\sin C = 1$。代入三角形面積公式 (2-3)，得到等式

$$\frac{bc\sin A}{2} = \frac{ac\sin B}{2} = \frac{ab}{2} \text{。} \qquad (3\text{-}1)$$

$$\frac{bc\sin A}{2} = \frac{ab}{2}$$

$$\Rightarrow c\sin A = a$$

$$\Rightarrow \sin A = \frac{a}{c}$$

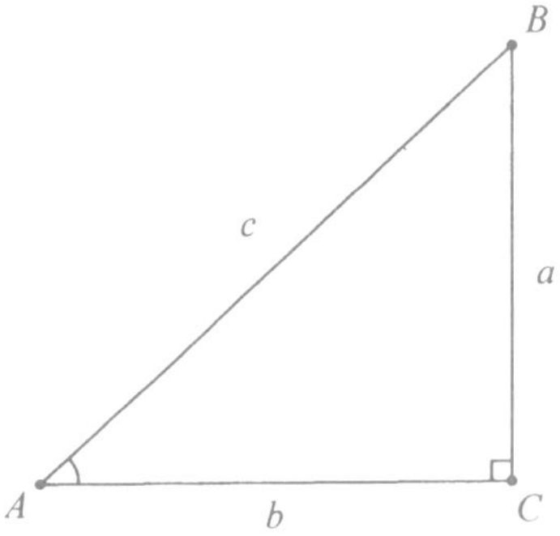

圖 3-1

將等式 (3-1) 兩端同乘 2，同除以 bc，得到等式

$$\sin A = \frac{a}{c} \text{。} \qquad (3\text{-}2)$$

同理有

$$\sin B = \frac{b}{c} \text{。} \qquad (3\text{-}3)$$

稱直角三角形中直角的對邊為斜邊，則這兩個等式可以表達為

　　命題 3.1（直角三角形中銳角正弦和邊的關係）　在任意直角三角形中，銳角的正弦等於該角的對邊和斜邊的比。

　　【補充資料 2】

　　事實上，命題 3.1 或等式 (3-2) 和 (3-3) 就是傳統的正弦定義，也就是現在教科書上的定義。對比一下就知道，用面積折扣定義正弦的好處：

　　第一，用到的預備知識少，更簡單了。而用等式 (3-2) 和 (3-3) 定

義一個角的正弦，前提是該角的對邊和斜邊的比僅僅依賴於角的大小，和三角形大小無關。這就要在證明了相似三角形的基本定理之後才能建立正弦的定義。

第二，直角正弦就是正方形面積，更嚴謹了。用等式（3-2）和（3-3）定義一個角的正弦，當該角為直角時，要結合極限概念和直觀類比才好說明直角的正弦為 1。缺乏嚴謹性。

第三，從 0° 到 180° 的角的正弦都有定義，更廣泛了。而用等式（3-2）和（3-3）只能定義銳角的正弦。

利用這個命題，可以計算直角三角形中某些未知的邊或角。

【例 3.1】　如圖 3-2，跳板 AB 長 5m，B 端比 A 端高 1m，試估計跳板和水平面所成的角度 β。

圖 3-2

解　如圖 3-2，根據直角三角形中銳角正弦和邊的關係有

$$\sin\beta = \frac{BC}{AB} = \frac{1}{5} = 0.2 \text{。}$$

由正弦表估計或計算機查算得知 $A \approx 11.5°$，即跳板和水平面成的角度 β 約等於 $11.5°$。

【例 3.2】　如圖 3-3，為了測量 A 處到河流對岸一建築物 B 的距離，在此岸邊另選一點 P，使得 $PA \perp AB$，$PA = 100m$。測得 $\angle P = 62°$，試計算 A 到 B 的距離。

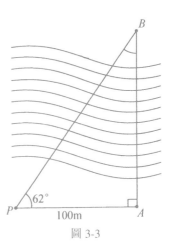

圖 3-3

解　可以分三步來做：

（1）由內角和定理和 $\angle P = 62°$ 得 $\angle B = 180° - 90° - \angle P = 90° - 62° = 28°$；

（2）又由 $\sin B = PA / PB$，可得

$$PB = \frac{PA}{\sin B} \; ;$$

（3）由 $\sin P = AB / PB$ 得

$$AB = PB\sin P = \frac{PA\sin P}{\sin B} = \frac{100 \times \sin 62°}{\sin 28°} \approx \frac{100 \times 0.8829}{0.4695} \approx 188(m)，$$

即 A 處到河流對岸建築物 B 的距離約為 188 m。

　　知道了三角形的一些邊和角，要求計算其餘的邊和角，這樣的問題叫做解三角形問題。分析上面兩個例子，可以整理出一些規律：

　　（1）已知直角三角形的一條斜邊 c 和一條直角邊 a，可以用公式 $\sin A = a / c$ 計算 $\sin A$，再查出角 A；由內角和定理計算出 $B = 90° - A$，最後就可以用公式 $\sin B = b / c$ 求出另一條直角邊 b；

　　（2）已知直角三角形的一條邊和一個銳角，可用內角和定理求出另一個銳角，再用公式 $\sin A = a / c$ 和 $\sin B = b / c$ 計算另外兩條邊。

　　想一想，還有甚麼情形是上面沒有討論到的？

　　這一節的內容不多，但意義不小。

　　習題 3.1　已知 ΔABC 中 $AB = 14$，BC 邊上的高等於 7，又知道 $\angle B$ 不是銳角，問 $\angle B$ 是多少度？

　　習題 3.2　下面是解直角三角形問題的幾種已知類型的計算流程，請按第一種類型的計算流程格式填寫其餘類型計算流程中的空白。

　　（1）已知斜邊 c 和直角邊 a：$\sin A = a / c$；$\sin A \Rightarrow A$；$B = 90° - A$；$b = c\sin B$。

(2) 已知斜邊 c 和直角邊 b：$\sin B = ($　　$)$；$($　　$) \Rightarrow B$；$A = ($　　$)$；$a = ($　　$)$

(3) 已知斜邊 c 和角 A：$B = 90° - A$；$a = ($　　$)$；$b = ($　　$)$

(4) 已知直角邊 a 和角 A：$B = ($　　$)$；$c = ($　　$)$；$b = ($　　$)$

(5) 已知直角邊 a 和角 B：$A = ($　　$)$；$c = ($　　$)$；$b = ($　　$)$

習題 3.3　如圖 3-4，距離旗竿 30m 處，在 1m 高的支架上測得竿頂的仰角為 19°，求旗竿的高。

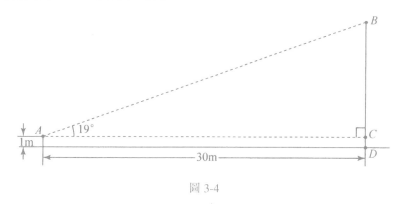

圖 3-4

4. 正弦定理初試鋒芒

利用正弦得到的面積公式，不但可以幫我們解直角三角形，還能幫助我們解任意三角形。

為用起來方便，將面積公式 (2-3)

$$\Delta ABC = \frac{bc\sin A}{2} = \frac{ac\sin B}{2} = \frac{ab\sin C}{2}$$

變形成為更容易記憶的形式：各項同乘 2，同除以 abc，得到

命題 4.1（正弦定理）　在任意 ΔABC 中，有

$$\frac{2\Delta ABC}{abc} = \frac{\sin A}{a} = \frac{\sin B}{b} = \frac{\sin C}{c} \ \text{。}$$ (4-1)

正弦定理提供了解任意三角形的工具。

【例 4.1】 如圖 4-1，為測量 A 處到河流對岸一建築物 B 的距離，在此岸邊另選一點 P，使得 $PA = 200\text{m}$。測得 $\angle P = 62°$，$\angle A = 43°$，試計算 A 到 B 的距離。

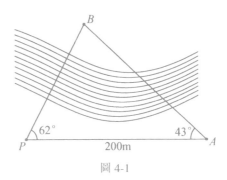

圖 4-1

解 由內角和定理和條件得 $\angle B = 180° - \angle A - \angle P = 180° - 62° - 43° = 75°$；

對 ΔABP 應用正弦定理得

$$\frac{\sin \angle B}{AP} = \frac{\sin \angle P}{AB} \ \text{，}$$ (4-2)

$$AB = \frac{AP\sin \angle P}{\sin \angle B} = \frac{200 \times \sin 62°}{\sin 75°} \approx \frac{200 \times 0.8829}{0.9659} \approx 183(\text{m}) \ \text{，}$$

即 A 處到河流對岸建築物 B 的距離約為 183m。

將此例和前節的例 3.2 比較，可以看出應用正弦定理解三角形更為方便，而且不限於解直角三角形。

【例 4.2】 在 ΔABC 中，已知 $A = 35°$，$a = 6$，$c = 9$，求 B 和 b（結果角度準確到半度，長度保留兩位小數）。

解 由正弦定理得

$$\frac{\sin A}{a} = \frac{\sin C}{c} ,$$

於是

$$\sin C = \frac{c\sin A}{a} = \frac{9\sin 35°}{6} \approx 1.5 \times 0.5736 \approx 0.8604 。$$

因為互補角的正弦相等，所以由 $\sin C$ 求角 C 有如下兩種可能的回答：

(1) 若角 C 為銳角，查得 $C \approx 59.5°$；故 $B = 180° - A - C \approx 85.5°$。

由正弦定理得

$$b = \frac{a\sin B}{\sin A} \approx \frac{6\sin 85.5°}{\sin 35°} \approx 10.43 \quad （見圖 4\text{-}2）。$$

(2) 若角 C 為鈍角，則 $C \approx 120.5°$；故 $B = 180° - A - C \approx 24.5°$。

由正弦定理得

$$b = \frac{a\sin B}{\sin A} \approx \frac{6\sin 24.5°}{\sin 35°} \approx 4.34 。$$

在圖 4-2 中，情形 (2) 的點 C 用 C' 標記。

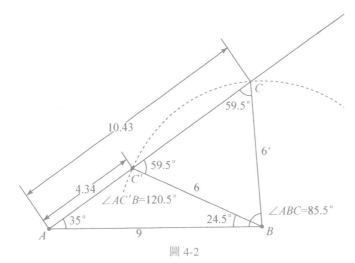

圖 4-2

【例 4.3】　在 ΔABC 中，已知 $A = 35°$，$a = 6$，$c = 4$，求 B 和 b（結果角度準確到半度，長度保留兩位小數）。

解　由正弦定理得

$$\frac{\sin A}{a} = \frac{\sin C}{c},$$

於是

$$\sin C = \frac{c\sin A}{a} = \frac{4\sin 35°}{6} \approx \frac{2}{3} \times 0.5736 \approx 0.3824。$$

因為互補角的正弦相等，所以由 $\sin C$ 求角 C 有如下兩種可能的回答：

(1) 若角 C 為銳角，查得 $C \approx 22.5°$；故 $B = 180° - A - C \approx 122.5°$。
由正弦定理得

$$b = \frac{a\sin B}{\sin A} \approx \frac{6\sin 122.5°}{\sin 35°} \approx \frac{6\sin 57.5°}{0.5736} \approx 8.82 \text{（見圖 4-3）}。$$

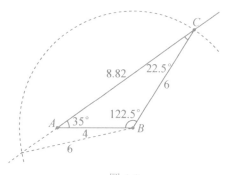

圖 4-3

(2) 若角 C 為鈍角，$C \approx 180° - 22.5° = 157.5°$，這樣將有 $A + C = 192.5°$。三角形內角和超過平角，這是不合理的，所以這種情形不會出現。

　　請比較例 4.2 和 4.3 的條件，並觀察比較圖 4-2 和 4-3 的區別，探求兩種情形不同的原因。

總結上面三個例子，得到用正弦定理解三角形的一些規律：

（1）已知三角形的兩個角和一條邊，可以用三角形內角和定理求出第三個角，再用正弦定理求另兩條邊。

（2）已知三角形的兩條邊和其中一條邊的對角，可用正弦定理求另一條已知邊的對角的正弦，再由正弦值查出角的大小，用三角形內角和定理求出第三個角，再用正弦定理求第三條邊。要注意的是，由正弦值查角時，會得到兩個可能的解答，要根據條件判斷解答是否合理。

如果已知條件是三邊或者兩邊和它們的夾角，下面還要繼續探索。

習題 4.1　如圖 4-4，直升機於空中 A 處觀測正前方地面上一目標 B 的俯角為 29°，繼續向前飛行 1000m 到 C 處，觀測目標 B 的俯角為 44°；問直升機向前再飛行多遠，才能到目標 C 的正上方？直升機到地面的高度是多少？

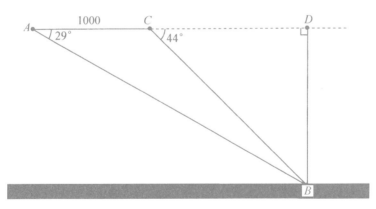

圖 4-4

習題 4.2　ΔABC 中，已知 $A = 30°$，$c = 20$。試探索問題：a 的大小在甚麼範圍內，才有兩個滿足同樣條件的三角形？

習題 4.3　如圖 4-5，在 ΔABC 的邊 BC 上取一點 P，利用面積關係

$$\Delta ABC = \Delta ABP + \Delta ACP$$

和三角形面積公式證明

$$\sin(\alpha + \beta) \cdot \sin(\beta + \gamma) = \sin\alpha \cdot \sin\gamma + \sin\beta \cdot \sin\delta \, 。 \tag{4-3}$$

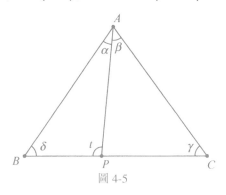

圖 4-5

5. 正弦增減尋根究底

　　從圖 2-4 的正弦表上看，當角度從 0° 開始一度一度增加到 90° 的過程中，對應的正弦值也在增加，這是不是一個普遍的規律呢？

　　例如，當角度從 11° 增加到 12° 的過程中，對應的正弦值是否也在不斷增加？會不會有時減少一下又再增加呢？

　　直觀看，在 0° 到 90° 的任何相鄰兩度之間，對應的正弦值也會隨着角度的增加而不斷增加。在例 3.1、例 4.2 和 4.3 中，我們由一個未知角的正弦值來估計角的大小，也基於這種規律。

　　例如，例 3.1 中 $\sin A = 0.2$，而表中只有 $\sin 11° \approx 0.1908$ 和 $\sin 12° \approx 0.2079$，根據 0.2 比 0.1908 大、比 0.2079 小，我們認為 A 比 11° 大、比 12° 小而估計 $A \approx 11.5°$。

　　是不是確實有 A 比 11° 大、比 12° 小呢？

下面通過嚴謹的論證，揭示出角的正弦增減性的規律。

命題 5.1（正弦增減性）　若 $0° \leq \alpha < \beta < 180°$，且 $\alpha + \beta < 180°$，則 $\sin\alpha < \sin\beta$。

證明　如圖 5-1，ΔABC 中，$AB = AC = 1$，$\angle BAC = \beta - \alpha$。

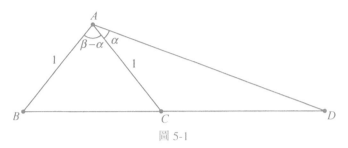

圖 5-1

延長 BC 至 D，使得 $\angle CAD = \alpha$，則 $\angle BAD = \beta$。由面積公式顯然有

$$\frac{AD\sin\alpha}{2} = \Delta CAD < \Delta BAD = \frac{AD\sin\beta}{2}, \tag{5-1}$$

兩端同乘 2，同除以 AD，得到不等式 $\sin\alpha < \sin\beta$。證畢。

想一想，條件 $\alpha + \beta < 180°$ 有甚麼用？

這裏用到了不等式的一個基本性質：若 $a < b$ 並且 $k > 0$，則 $ka < kb$。也就是說，不等式兩端同乘一個正數，不等式仍然成立。

在前面我們做了很多計算題，解決的是定量問題。這次是對圖形的性質進行論證，解決的是定性的問題。

定性和定量是相通的。例如，要在圖 5-1 情形證明不等式 $\sin\alpha < \sin\beta$，也可以具體計算出 $\sin\beta - \sin\alpha$ 來。這個問題讀者不妨先想一想如何解決？

命題 5.1 有下列顯然的推論：

推論 5.1　若 $0° \leq \alpha < \beta \leq 90°$，則 $\sin\alpha < \sin\beta$。

推論 5.2　若 $90° \leq \alpha < \beta \leq 180°$，則 $\sin\alpha > \sin\beta$。

推論 5.3　對一切 $0° \leq \alpha \leq 180°$，有 $0 \leq \sin\alpha \leq 1$，並且 $\sin\alpha = 1$ 當且僅當 $\alpha = 90°$；$\sin\alpha = 0$ 當且僅當 $\alpha = 0°$ 或 $\alpha = 180°$。

在第一節的習題裏，用共角定理推出了「三角形中等角對等邊」。

把正弦定理和正弦增減性結合起來，不但能推出等角對等邊，還能得到三角形有關邊角大小比較的更多重要性質。

命題 5.2　任意三角形中等角對等邊，大角對大邊，等邊對等角，大邊對大角。

證明　按命題表述順序論證：

(1) 設在 ΔABC 中有 $A = B$，則 $\sin A = \sin B$，由正弦定理得 $a = b$，這證明了等角對等邊。

(2) 設在 ΔABC 中有 $A < B$，由內角和定理 $A + B < 180°$。

根據命題 5.1 和正弦定理可得

$$\sin A < \sin B = \frac{b\sin A}{a},$$

兩端除以 $\sin A$ 得 $1 < b/a$，兩端乘 a 得 $a < b$，這證明了大角對大邊。

(3) 設 $a = b$，用反證法，假設 $A \neq B$。由已經證明的大角對大邊可知 $a \neq b$，矛盾。這表明反證法的假設不成立，所以 $A = B$。這證明了等邊對等角。

(4) 設 $a < b$，用反證法，假設 $A \geq B$。由已經證明的等角對等邊和大角對大邊可得 $a \geq b$，矛盾。這表明反證法的假設不成立，所以 $A < B$。這證明了大邊對大角。

命題證畢。

命題 5.2 表明，用面積公式和正弦定理不但可以對圖形做定量的計算，還能夠做定性的研究。

從命題 5.2 得到以下一系列顯然推論：

推論 5.4　　等腰三角形兩底角相等。

推論 5.5　　有兩角相等的三角形是等腰三角形。

推論 5.6　　頂角小於直角的等腰三角形一定是銳角三角形。

推論 5.7　　等邊三角形的三個角都等於 60°。

推論 5.8　　直角三角形的三邊中斜邊最大。

推論 5.9　　鈍角三角形中鈍角所對的邊最大。

推論 5.10　　從直線外一點到直線上各點所連接的線段中，垂線段最短。

直線外一點到直線所作的垂線段的長度，叫做該點到此直線的距離。

這些推論的證明，留作習題。

下面是一個非常重要的定理：

命題 5.3（三角形不等式）　任意 ΔABC 中，兩邊之和大於第三邊，即

$$AB + BC > AC。 \qquad (5\text{-}2)$$

證明　若 $AB \geq AC$，命題的結論當然成立。

若 $AB < AC$，在 AC 上取一點 D，使得 $AD = AB$，如圖 5-2。

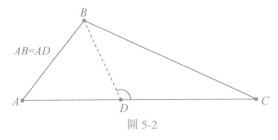

圖 5-2

因為 ΔADB 是等腰三角形，所以 $\angle ADB$ 為銳角，故 $\angle BDC$ 為鈍角，從而在 ΔBDC 中，BC 為最大邊，於是

$$BC > DC。 \qquad (5\text{-}3)$$

將不等式 (5-3) 和等式 $AB = AD$ 相加得

$$AB + BC > AD + DC = AC\text{。} \tag{5-4}$$

命題得證。

命題 5.4 (等腰三角形三線合一)　等腰三角形的頂角的角平分線垂直平分底邊。反之,底邊上的高平分頂角和底邊,底邊上的中線平分頂角並垂直底邊。

分析:如圖 5-3 , D 是等腰 $\triangle ABC$ 的底邊上一點,只需要證明:

(1) 若 $AD \perp BC$,則 $\angle BAD = \angle CAD$;

(2) 若 $\angle BAD = \angle CAD$,則 $BD = CD$;

(3) 若 $BD = CD$,則 $AD \perp BC$。

證明　(1) 根據等腰三角形底角相等,有 $\angle B = \angle C$;由三角形內角和定理,得

$$\begin{aligned}
\angle BAD + \angle BDA &= 180° - \angle B \\
&= 180° - \angle C \\
&= \angle CAD + \angle CDA\text{,}
\end{aligned} \tag{5-5}$$

於是由 $\angle BDA = \angle CDA = 90°$ 推知 $\angle BAD = \angle CAD$。

(2) 若 $\angle BAD = \angle CAD$,分別對 $\triangle ABD$ 和 $\triangle ACD$ 應用正弦定理,得到

$$BD = \frac{AD\sin\angle BAD}{\sin B} = \frac{AD\sin\angle CAD}{\sin C} = CD \tag{5-6}$$

(3) 若 $BD = CD$,分別對 $\triangle ABD$ 和 $\triangle ACD$ 應用面積公式得

$$\frac{\sin\angle BAD}{\sin\angle CAD} = \frac{AB \cdot AD\sin\angle BAD}{AC \cdot AD\sin\angle CAD} = \frac{\triangle ABD}{\triangle ACD} = \frac{BD}{CD} = 1\text{,}$$

因為 $\angle BAD + \angle CAD = \angle BAC < 180°$,故 $\angle BAD = \angle CAD$,從而由 (5-5) 式和 $\angle BDA + \angle CDA = 180°$ 得 $\angle BDA = \angle CDA = 90°$,即 $AD \perp BC$。

命題證畢。

三線合一是等腰三角形的重要性質，後面還將不止一次提到它。

過線段 AB 中點且垂直於 AB 的直線，叫做 AB 的垂直平分線，簡稱為中垂線。從上例可知，等腰三角形的底邊上的高（頂角的角平分線，底邊上的中線）是底邊的垂直平分線。等腰三角形的頂點在底邊的垂直平分線上。一般說來，線段的垂直平分線上的點到該線段兩端距離相等，反之，到線段兩端距離相等的點都在該線段的垂直平分線上。這件事的證明到後面會很容易，但也可以作為正弦增減性的應用來加以證明。

【例 5.1】 試證明：（1）線段的垂直平分線上的點到該線段兩端距離相等；（2）反之，到線段兩端距離相等的點都在該線段的垂直平分線上。

證明 （1）參看圖 5-3，設 AD 垂直平分 BC，求證 $AB = AC$。

不妨設 $AB \geq AC$。由「大邊對大角」得 $\angle C \geq \angle B$，再由三角形內角和定理得 $\angle CAD \leq \angle BAD$，由正弦的增減性得 $\sin\angle CAD \leq \sin\angle BAD$。再由 $AB \cdot \sin\angle BAD = BD = CD = AC \cdot \sin\angle CAD$，所以又得到 $AB \leq AC$。結合前提 $AB \geq AC$ 得到 $AB = AC$。

（2）要證明到線段兩端距離相等的點都在該線段的垂直平分線上，也就是證明不在該線段的垂直平分線上的點到線段兩端距離不相等。

請自己按下面的說法在圖 5-3 上面添加點和線，或在想像中推理：仍設 AD 垂直平分 BC，若點 P 不在直線 AD 上，不妨設 P 和 B 在直線 AD 的異側，作線段 PB 和直線 AD 交於 Q。若 P 在直線 BC 上，因為 P 不是 BC 中點，故 $PB \neq PC$；

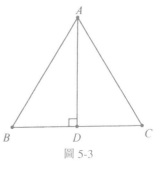

圖 5-3

若 P 不在直線 BC 上，由上面已經證明的（1）得 $QB = QC$，於是 $PB = PQ + QB = PQ + QC > PC$。這證明了不在直線 AD 上的點 P 到線段 BC 兩端點距離不等。證畢。

【例 5.2】　在 $\triangle ABC$ 內任取一點 D，求證不等式

$$BA + AC > BD + DC。 \qquad (5\text{-}7)$$

證明　如圖 5-4，延長 BD 交 AC 於 E，兩次應用三角形不等式得

$$BA + AC = (BA + AE) + EC > BE + EC$$

$$= BD + (DE + EC) > BD + DC。 \qquad (5\text{-}8)$$

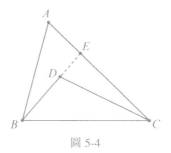

圖 5-4

【例 5.3】　如圖 5-5，已知 $\angle ABC > \angle ABD$，$BC = BD$，求證 $AD < AC$。

證明　根據等邊對等角，由 $BC = BD$ 得 $\angle BDC = \angle BCD$，故在 $\triangle ACD$ 中有

$$\angle ACD < \angle BCD = \angle BDC < \angle ADC，$$

根據大角對大邊，得 $AD < AC$。

【例 5.4】　求證：角內一點到角的兩邊距離相等的充要條件是該點在此角的平分線上。

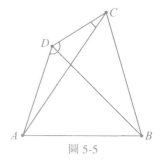

圖 5-5

證明　如圖 5-6，B 是 $\angle DAC$ 內

一點，$\angle BDA = \angle BCA = 90°$。

若 $\angle BAC = \angle BAD$，則

$$BC = AB \cdot \sin\angle BAC$$

$$= AB \cdot \sin\angle BAD$$

$$= BD，$$

即 B 到 $\angle DAC$ 兩邊等距；

圖 5-6

若 B 到 $\angle DAC$ 兩邊等距，即 $BC = BD$，則

$$\sin\angle BAC = \frac{BC}{AB} = \frac{BD}{AB} = \sin\angle BAD，$$

從而 $\angle BAC = \angle BAD$，即 B 在 $\angle DAC$ 分角線上。證畢。

習題 5.1　設 M 是等腰三角形 $\triangle ABC$ 底邊 BC 的中點，求證：
(1) $AM \perp BC$；(2) $\angle BAM = \angle CAM$。

習題 5.2　在 $\triangle ABC$ 內任取一點 D，求證不等式

$$AD + BD + CD < AB + BC + CA < 2(AD + BD + CD)。$$

習題 5.3　在 $\triangle ABC$ 內取兩點 P 和 Q，使得 $BPQC$ 為凸四邊形，求證不等式

$$BA + AC > BP + PQ + QC。$$

習題 5.4　凸五邊形 Ω 在四邊形 Σ 的內部，求證：Σ 的周長大於 Ω 的周長。

習題 5.5　如圖 5-7，過等腰三角形 OAB 底邊 AB 的端點 A 作一腰 OA 的垂線 PF，和底邊 AB 成銳角 $\angle BAP$。求證：$\angle AOB = 2\angle BAP$。

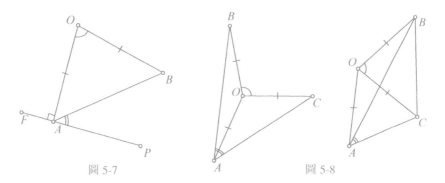

圖 5-7   圖 5-8

習題 5.6　如圖 5-8，等腰三角形 OAC 和 OAB 有公共頂點 O 和公共腰 OA。求證：另兩腰所成的角 $\angle BOC$ 是兩底邊所成角 $\angle BAC$ 的 2 倍。

【進一步的思考】　不用正弦，能不能論證三角形中大邊對大角？

若在 $\triangle ABC$ 中有 $\angle B = \angle C$，對 $\triangle ABC$ 和 $\triangle ACB$ 使用共角定理得

$$1 = \frac{\triangle ABC}{\triangle ACB} = \frac{AB \cdot BC}{AC \cdot BC} = \frac{AB}{AC} , \tag{5-9}$$

這證明了等角對等邊。

進一步考察 $\angle B < \angle C$ 的情形。如圖 5-9，在 AB 邊上取 P，使得

$$\angle 1 = \frac{\angle C - \angle B}{2} ,$$

則 $\angle 3 = \angle B + \angle 1 = \angle C - \angle 1 = \angle 2$，從而 $AC = AP < AB$，即大角對大邊。

顯然推得大邊對大角和等邊對等角。結合正弦定理可推出正弦增減性質。

「不用某些知識，能不能解決這個問題？」這種求異思維，是學習數學中提出問題引發思考的一個常用方法。

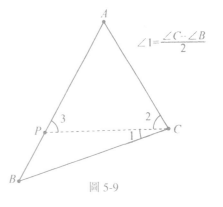

圖 5-9

6. 判定相似手到擒來

中國國旗上有大小不同的五角星，大的五角星和小的五角星形狀是一樣的。

一般說來，稱形狀相同但大小可能不同的兩個圖形是相似的。

「形狀相同」不是嚴謹的數學語言。要用嚴謹的數學語言刻畫「相似」的概念，可以從三角形的相似說起。

定義 6.1　對應角相等，對應邊成比例的兩個三角形 *ABC* 和 *XYZ* 叫做一對相似三角形，記做 $\triangle ABC \sim \triangle XYZ$。記號「~」讀作「相似於」。

具體說，「對應角相等，對應邊成比例」的意思是

$$\angle A = \angle X，\angle B = \angle Y，\angle C = \angle Z;$$

並且

$$\frac{a}{x} = \frac{b}{y} = \frac{c}{z} \quad （如圖 6\text{-}1） 。$$

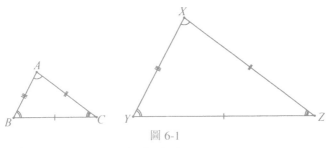

圖 6-1

相似三角形 *ABC* 和 *XYZ* 的對應邊的比 *a*/*x*，叫做 $\triangle ABC$ 和 $\triangle XYZ$ 的相似比。

從共角定理立刻得知，相似三角形的面積比等於其相似比的平方。

在圖 6-1 中，用同樣的記號標注對應的邊或角。注意在相似記號 $\triangle ABC \sim \triangle XYZ$ 中，字母的順序不能寫亂，對應的頂點要排在相同的位置。如果改變頂點順序，則兩個三角形要做同樣的改變。例如可以把

$\triangle ABC \sim \triangle XYZ$ 寫成 $\triangle BAC \sim \triangle YXZ$，但不能寫成 $\triangle ABC \sim \triangle YXZ$。

下面的命題，是相似形的基本定理，它提供了判別相似三角形的簡便方法。

命題 6.1（相似三角形的「角角判定法」）　在 $\triangle ABC$ 和 $\triangle XYZ$ 中，若 $\angle A = \angle X$，$\angle B = \angle Y$，則

$$\frac{a}{x} = \frac{b}{y} = \frac{c}{z}, \tag{6-1}$$

從而 $\triangle ABC \sim \triangle XYZ$。

證明　由條件和三角形的內角和定理可得 $\angle C = \angle Z$。再對兩個三角形分別應用正弦定理得到

$$\frac{\sin A}{a} = \frac{\sin B}{b} = \frac{\sin C}{c}, \tag{6-2}$$

$$\frac{\sin X}{x} = \frac{\sin Y}{y} = \frac{\sin Z}{z}, \tag{6-3}$$

將式（6-2）和式（6-3）相比，約去等量 $\sin A = \sin X$，$\sin B = \sin Y$ 和 $\sin C = \sin Z$，即得式（6-1），證畢。

根據命題 6.1，推出幾何圖形中常見的相似三角形的情形。

推論 6.1　若直角三角形有一銳角和另一直角三角形的一角相等，則兩三角形相似。

推論 6.2（平行邊構成的相似三角形）　若 $AB \mathbin{/\mkern-5mu/} CD$，直線 AC 和 BD 相交於 P，則 $\triangle PAB \sim \triangle PCD$（圖 6-2）。

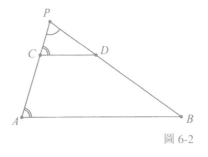

圖 6-2

證明　在圖 6-2 的兩種情形，都有

$$\angle APB = \angle CPD \text{（同角或對頂角）}, \tag{6-4}$$

$$\angle PAB = \angle PCD \text{（平行線的同位角或內錯角）}。 \tag{6-5}$$

由式 (6-4) 和式 (6-5)，應用相似三角形的角角判別法，得 $\triangle PAB \sim \triangle PCD$。證畢。

推論 6.3（垂直邊構成的相似三角形）　設 $AC \perp BC$，$AD \perp BD$。若直線 AC 和 BD 相交於 P，則 $\triangle PAD \sim \triangle PBC$（圖 6-3）。

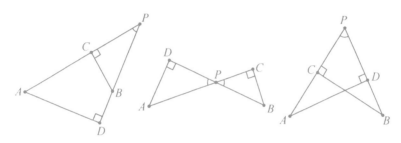

圖 6-3

證明　如圖 6-3，三種情形下都有

$$\angle APD = \angle BPC \text{（同角或對頂角）}, \tag{6-6}$$

$$\angle ADP = \angle BCP \text{（同為直角）}。 \tag{6-7}$$

由式 (6-6) 和式 (6-7)，應用相似三角形的角角判別法，得 $\triangle PAD \sim \triangle PBC$。證畢。

三角形兩邊中點的連接線段叫做三角形的中位線，關於中位線有

命題 6.2（三角形的中位線定理：任意三角形兩邊中點的連線平行於第三邊，且等於第三邊之半）　設 M 和 N 分別是 $\triangle ABC$ 兩邊 AB 和 AC 的中點，則 $MN \mathbin{//} BC$，且

$$MN = \frac{BC}{2} \quad \text{（圖 6-4）}。$$

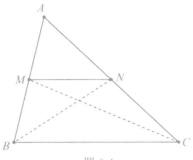

圖 6-4

證明　由於 M 和 N 分別是 AB 和 AC 的中點，故得

$$\Delta MBC = \frac{\Delta ABC}{2} = \Delta NBC。 \tag{6-8}$$

由平行線的面積判定法得

$$MN \mathbin{/\!/} BC。 \tag{6-9}$$

由（6-9）式，應用推論題 6.2（平行邊構成的相似三角形）得

$$\Delta AMN \sim \Delta ABC。 \tag{6-10}$$

由（6-10）式，應用相似三角形對應邊成比例的性質得

$$\frac{MN}{BC} = \frac{AM}{AB} = \frac{1}{2}，$$

故推出 $MN = BC / 2$。證畢。

　　三角形的中位線是平面幾何中常見的基本圖形，在解題時很有用。有時中位線不是明顯給出的。例如下列命題中用平行關係給出中位線。

　　命題 6.3　設 M 是 ΔABC 中 AB 邊的中點，且直線 $MN \mathbin{/\!/} BC$ 和 AC 邊交於 N，則 N 是 AC 的中點（圖 6-4）。

　　證明　由題設條件和平行線的面積性質得

$$\frac{AN}{CN} = \frac{\Delta AMN}{\Delta CMN} = \frac{\Delta AMN}{\Delta BMN} = \frac{AM}{BM} = 1，$$

即 N 是 AC 的中點，證畢。

【例 6.1】（射影定理） 設 CD 是直角三角形斜邊 AB 上的高。求證：

$$CD^2 = AD \cdot BD。$$

證明　如圖 6-5，$\angle ACD = 90° - \angle A = \angle B$，故直角 $\triangle ADC \sim \triangle CDB$，從而

$$\frac{AD}{CD} = \frac{CD}{BD},$$

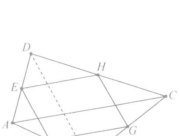

圖 6-5

所以 $CD^2 = AD \cdot BD$。證畢。

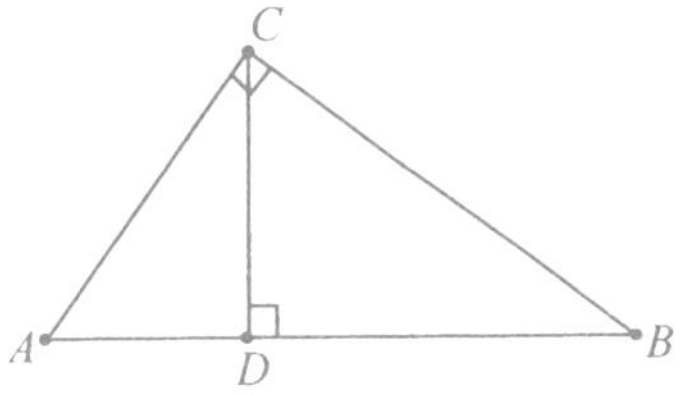

【例 6.2】 求證：任意四邊形中，四邊中點順次連接成為平行四邊形。

證明　如圖 6-6，由中位線定理，$EH \parallel AC \parallel FG$，$EF \parallel DB \parallel HG$，故 $EFGH$ 是平行四邊形。

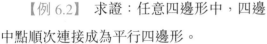

相似三角形在平面幾何中非常有用，本節的例題和習題不多。後面我們會學習判別相似三角形的其他方法，並提供更多的例題和習題。

圖 6-6

習題 6.1　如圖 6-7，AD 和 BE 是 $\triangle ABC$ 的高，$AD = 5$，$BD = 4$，$BC = 6$，求 DH 和 $\triangle ABH$ 的面積。

習題 6.2　如圖 6-8，$\angle 1 = \angle 2$，$BD = 2$，$DC = 3$，$AC = 6$，求 AB。

習題 6.3　如圖 6-9，$\triangle ABC$ 的三邊中點分別為 D，E，F。若 $\triangle ABC$ 面積為 12，求 $\triangle DEF$ 的面積。

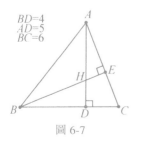

圖 6-7

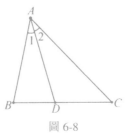

圖 6-8

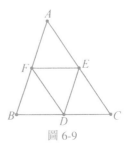

圖 6-9

習題 6.4　如圖 6-10，兩直線 AB 和 CD 相交於 P，且 $\angle ADP = \angle CBP$。求證：

$$PA \cdot PB = PC \cdot PD \text{。} \tag{6-11}$$

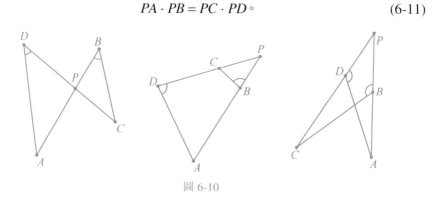

圖 6-10

【補充資料 3】

（i）不用正弦定理，用共角定理也能導出相似三角形的「角角判別法」。

在 ΔABC 和 ΔXYZ 中，若 $\angle A = \angle X$，$\angle B = \angle Y$，則也有 $\angle C = \angle Z$。用共角定理得

$$\frac{\Delta ABC}{\Delta XYZ} = \frac{bc}{yz} = \frac{ac}{xz} = \frac{ab}{xy} \text{。} \tag{6-12}$$

將上式同乘 xyz / abc 便得

$$\frac{xyz \Delta ABC}{abc \Delta XYZ} = \frac{x}{a} = \frac{y}{b} = \frac{z}{c} \text{。} \tag{6-13}$$

這說明兩三角形的三邊成比例，從而相似。

（ii）不用相似三角形，用共角定理也能導出三角形的中位線定理。

在命題 6.2 的證明中，得知 $MN \,/\!/\, BC$ 後，由 $\angle AMN = \angle ABC$ 和 $\angle MAN = \angle BAC$，對 ΔABC 和 ΔAMN 用共角定理得

$$\frac{AB \cdot AC}{AM \cdot AN} = \frac{\triangle ABC}{\triangle AMN} = \frac{AB \cdot BC}{AM \cdot MN},\qquad(6\text{-}14)$$

約簡後得 $BC = 2MN$。

7. 兩角一邊判定全等

若 $\triangle ABC$ 和 $\triangle XYZ$ 的三個角和三條邊都對應相等，就稱它們全等，記做 $\triangle ABC \cong \triangle XYZ$。記號「$\cong$」讀作「全等於」。

顯然，全等三角形就是相似比等於 1 的相似三角形。

由面積公式可知，全等三角形面積相等。

根據相似三角形的「角角判定法」，立刻得到全等三角形的「角邊角判定法」和「角角邊判定法」，合在一起稱為全等三角形的兩角一邊判定法。

命題 7.1 （全等三角形的兩角一邊判定法） 若 $\triangle ABC$ 和 $\triangle XYZ$ 中有 $\angle A = \angle X$，$\angle B = \angle Y$，且 $AB = XY$ 或 $AC = XZ$，則 $\triangle ABC \cong \triangle XYZ$。

由此得到推論：

推論 7.1 （直角三角形全等的邊角判定法） 有一銳角和一對應邊相等的兩個直角三角形全等。

推論 7.2 （全等三角形的對應高相等） 若 $\triangle ABC \cong \triangle XYZ$，如圖 7-1，$AD$ 是 $\triangle ABC$ 的高，XW 是 $\triangle XYZ$ 的高，則 $AD = XW$。

證明 由 $\triangle ABC \cong \triangle XYZ$，得 $AB = XY$，$\angle B = \angle Y$，故直角三角形 ABD 全等於 $\triangle XYW$，從而 $AD = XW$。證畢。

解決一個問題後，要常常想想有沒有別的方法。例如：

也可以根據 $\triangle ABC$ 和 $\triangle XYZ$ 面積相等和 $BC = YZ$ 直接推得 $AD = XW$。

還可以應用直角三角形中銳角正弦與邊的比的關係得

$$AD = AB\sin B = XY\sin Y = XW。$$

還可以對 ΔABD 和 ΔXYW 用共角定理來做：

$$\frac{AB \cdot BD}{XY \cdot YW} = \frac{\Delta ABD}{\Delta XYW} = \frac{AD \cdot BD}{XW \cdot YW}。$$

約簡後應用 $AB = XY$ 得到 $AD = XW$。

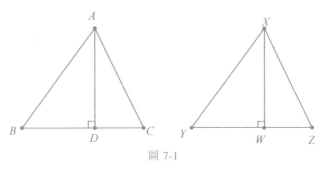

圖 7-1

推論 7.3（全等三角形的對應分角線相等） 若 $\Delta ABC \cong \Delta XYZ$，如圖 7-2，$AD$ 是 ΔABC 中 $\angle BAC$ 的分角線，XW 是 ΔXYZ 中 $\angle YXZ$ 的分角線，則 $AD = XW$。

證明 由 $\Delta ABC \cong \Delta XYZ$，得 $AB = XY$，$\angle B = \angle Y$，$\angle BAC = \angle YXZ$。由分角線的定義得

$$\angle BAD = \frac{\angle BAC}{2} = \frac{\angle YXZ}{2} = \angle YXW \quad。$$

由兩角一邊判定法知 ΔABD 全等於 ΔXYW，從而 $AD = XW$。證畢。

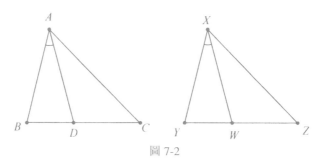

圖 7-2

推論 7.3 也可以用正弦定理或共角定理來證明。

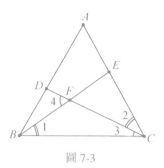
圖 7-3

【例 7.1】 如圖 7-3，ΔABC 是等邊三角形，在兩邊 AB 和 AC 上分別取點 D 和 E，連 CD 和 BE 交於 F，$\angle DFB = 60°$。若 $CE = 7$，求 AD。

解 [方法 1] 根據三角形外角等於兩個內對角之和，$\angle 1 + \angle 3 = \angle 4 = 60°$；根據等邊三角形的三個角都等於 $60°$，$\angle 2 + \angle 3 = 60°$，因此，$\angle 1 = \angle 2$。

在 ΔADC 和 ΔCEB 中，除 $\angle 1 = \angle 2$ 外，還有 $\angle A = \angle BCE$ 和 $AC = CB$，根據三角形全等的兩角一邊判定法，$\Delta ADC \cong \Delta CEB$，所以 $AD = CE = 7$。

[方法 2] 用正弦定理來解：在 ΔADC 中用正弦定理得

$$\frac{\sin\angle ADC}{AC} = \frac{\sin\angle 2}{AD} ,$$

在 ΔCEB 中用正弦定理得

$$\frac{\sin\angle CEB}{BC} = \frac{\sin\angle 1}{CE} ,$$

兩式相比，利用 $\angle 1 = \angle 2$，$AC = CB$ 和 $\angle CEB = \angle ADC$ 的約簡後得到 $AD = CE = 7$。

[方法 3] 用共角定理來解：由 $\angle 1 = \angle 2$ 和 $\angle CEB = \angle ADC$ 對 ΔADC 和 ΔCEB 用共角定理得

$$\frac{AC \cdot DC}{BC \cdot BE} = \frac{\Delta ADC}{\Delta CEB} = \frac{AD \cdot DC}{CE \cdot BE} ,$$

約簡後得 $1 = AD / CE$，故 $AD = CE = 7$。

[方法 4]　用相似三角形：由 ∠1 = ∠2 和 ∠CEB = ∠ADC 得 ΔADC 相似於 ΔCEB，所以

$$\frac{AD}{CE} = \frac{AC}{BC} = 1 ，$$

故 AD = CE = 7。

【例 7.2】　如圖 7-4，AB = AC，∠BAC = 90°，D 是 BC 中點，在 AB 上任取點 E，連 ED，過 D 作 ED 的垂線交 AC 於 F。求證：DE = DF。

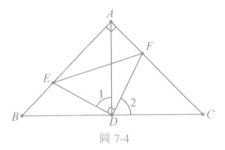

圖 7-4

證明　根據等腰三角形中三線合一，可知 AD ⊥ DC 且 ∠EAD = ∠CAD = ∠C，從而 AD = CD；並且 ∠1 = 90° − ∠ADF = ∠2，從而 ΔAED ≅ ΔCFD，即可得所要的結論。證畢。

例 7.2 當然也可以用正弦定理、共角定理或相似三角形來解答。

習題 7.1　如圖 7-5，在正方形 ABCD 的邊 BC 上任取點 E，連接 AE；自 B 作 AE 的垂線交 DC 於 F，交 AE 於 G。圖中除 ABCD 的四條邊外，還有哪些線段相等？

習題 7.2　如圖 7-6，ΔACB 是等腰直角三角形，∠ACB = 90°，點 D 是 AB 中點。延長 DC 到 E，連 AE，過 C 作 AE 的垂線交 AE 於 F，交 AB 的延長線於 G。試找出圖中的所有的相等的角、相等的線段和全等的三角形。

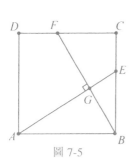
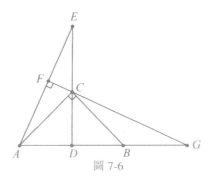

圖 7-5　　　　　　　　　圖 7-6

第一站小結

　　第一節，我們從小學裏學到的兩條幾何知識出發，經過思考探索，得到一系列新的知識，其中包括了平行線的性質和判定、共邊定理、共角定理這些有用的解題工具。學習這些知識固然重要，但鍛煉獲取知識的能力更重要。在閱讀時請特別注意如何發現問題，如何提出問題，如何從反面思考，如何運用求異思維。

　　共邊定理和共角定理非常有用，但不是本書的主題。本書主題是以三角為主線將初等數學的大量知識串起來，基於三角知識用代數展開幾何。

　　所以，第一節是熱身，第二節才是本書真正的起點。

　　我們做的第一件大事，是為了計算三角形面積而引進正弦。醉翁之意不在酒，引進正弦建立面積公式的目標，不僅僅限於求面積，而要宏偉遠大得多。有了正弦，就可以順勢引入其他三角函數，方便快捷地推出大量幾何知識，為函數、向量、解析幾何、複數等知識的學習做必要的準備，建起由初等數學通向高等數學的橋樑。從一開始就引進正弦，是有戰略意義的。

引進正弦，同時也就引進了一種數學思想，即對應的思想、函數的思想。

從小學到初中，所遇到的數學問題，都是從已知數出發經過確定的運算而獲取答案的。正弦的引進，打破了這個慣例。已知角 A，我們雖然知道一定有一個對應的數叫做 $sinA$，但是不知道對已知的 A 的度數做甚麼運算才能得到 $sinA$ 的數值！我們僅僅知道，如果 A 的度數確定了，$sinA$ 的數值也就確定了。也就是說，僅僅知道從 A 到 $sinA$ 有一個確定的對應關係。僅僅根據有這個確定的對應關係，就能寫出公式，就能推出一系列的幾何知識，這顯示出「確定的對應關係」這個思想的力量！以後知道，「確定的對應關係」就是函數關係。對應的思想，即函數的思想，是極為重要的數學思想。引進一個正弦，儘管對它幾乎一無所知，它卻能幫我們的大忙。在這裏我們初步體會到函數思想的力量。

對於暫時知之不多的東西，不妨先起個名字。有了名字便於討論演算，就能更多地了解它，這是方程的思想。本來好像還沒有的東西，描述一下，起個名字就能「無中生有」，就把一個新的東西建構出來了，這種思考方法，也可以叫做建構思維方法。數學家解決問題，常常要建構一個東西來研究。當然，在數學家看來，所建構的東西是客觀存在的，起個名字就是劃個範圍，把要研究的東西突顯出來，並非無中生有。

有了正弦的概念，有了 $sinA$ 的記號，接着要做兩方面的事。一方面是利用正弦來探索幾何問題，獲取幾何知識；另一方面是對正弦的性質做更深入的研究。這兩個方面是相輔相成和相互促進的。

從第三節裏，可以看出利用正弦獲取幾何知識的基本思路是建立

方程。含有正弦的面積公式 (2-3) 中包含了好幾個等式,每個等式都可以看成一個方程。方程裏面有好幾個量,把有些量賦予具體的值,又把有些量看成未知數,再把未知數解出來,就得到了新的知識。這不,取一個角為直角就得到了方程 (3-1),把 $\sin A$ 和 $\sin B$ 看成未知數解出來,就得到了直角三角形中成立的公式 (3-2) 和 (3-3),即命題 3.1:直角三角形中銳角的正弦等於對邊比斜邊。用這些知識就能解直角三角形,就能解決實際中可能遇到的測量問題。用中國古話說,就是有了量天度地之術。

第四節裏,進一步提出了解任意三角形的問題。這一節剛開始,略施代數小技,就把面積公式 (2-3) 變成了正弦定理 (4-1)。從這裏看到對字母進行運算是多麼有用!正弦定理雖然得來全不費工夫,但它簡直是一個寶藏,從裏面能夠開掘出不少有用的東西,它使得兩種情形下解三角形的問題得到解答。

為了擴大戰果,需要回過頭來對正弦的性質做更深入的考察。我們首先關心的是,當角 A 從 $0°$ 增大到 $180°$ 的過程中,$\sin A$ 如何變化?

其實,我們心裏有底。我們從正弦的定義就能看出來,當角 A 從 $0°$ 增大到 $90°$ 時,$\sin A$ 從 0 增大到 1;當角 A 從 $90°$ 增大到 $180°$ 度時,$\sin A$ 則從 1 減少到 0。

但是,在數學裏,看出來的事總不放心,能夠證明才算數,能夠一板一眼推出來才算數。第五節開始,建構了一個幾何情景,即圖 5-1,就把正弦的增減規律說清楚了。結合正弦定理,也就把三角形中邊角大小關係說清楚了,這就是命題 5.2——大角對大邊,大邊對大角,等角對等邊,等邊對等角。

接着,就得到一連串的推論,這是知識的豐收。

特別值得一提的是，證明了「三角形兩邊之和大於第三邊」，這在不少書上都是不加證明就承認了的。這裏給出證明，更深入地說明了道理。

在正弦定理的基礎上，導出了相似形的基本定理（命題 6.1），這是判定兩個三角形相似的最常用的方法，有大量的應用，也是各種考試要考的重點內容。

考慮相似比為 1 的特殊情形，就從命題 6.1 推出判斷兩個三角形全等的「兩角一邊判定法」，即命題 7.1。

我們看到，解三角形和判定三角形全等這兩件事是相通的。但是，只用正弦定理不能完全解決解三角形的問題，也不能完全解決相似三角形和全等三角形的判定問題，應當繼續發展我們的方法。

第二站
正弦和角公式

8. 正弦和角公式與特殊角的正弦

為了計算面積，引進了正弦。正弦出來，大顯神通，它不僅能用來定量地測算未知的距離和角度，還能夠揭示任意三角形的邊角關係，對圖形做定性的研究。

到現在，我們和正弦多次接觸了，但對正弦仍然知之甚少。雖然能從表上或用計算機查出對應於角度的正弦值，但對這些值的來歷卻毫不知情。

不知道，正好可以提問題：正弦表上的數值是如何求出來的？計算機裏面是怎樣算出正弦值的呢？

這是一個相當深刻的有趣問題，值得我們探究。

回顧一下，揭示了三角形邊角關係的正弦定理，是怎麼得來的？

用三種形式表達同一個三角形面積而得出等式，從這等式變出了正弦定理。

這些等式裏面包含的邊和角是未知的。數學裏通常把含有未知數的等式叫做方程。利用方程探索未知奧秘是重要的數學思想。

用不同的角的正弦計算三角形面積，列出方程推出正弦定理，這是成功經驗。

如果把一個三角形分成兩塊計算，得到的方程能推出些甚麼新的東西？

如圖 8-1，設 $\angle BAD = \alpha$，$\angle CAD = \beta$，而 α 和 β 都是銳角。過 D 作 AD 的

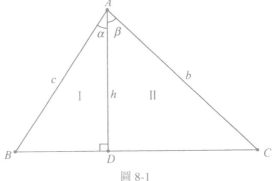

圖 8-1

垂線和兩角的邊分別交於 B 和 C。

兩直角三角形的面積分別記作 ΔI 和 ΔII，則有 $\Delta ABC = \Delta I + \Delta II$，由面積公式得到

$$\frac{bc\sin(\alpha + \beta)}{2} = \frac{ch\sin\alpha}{2} + \frac{bh\sin\beta}{2}。 \tag{8-1}$$

將上式兩端同乘 2 並同除以 bc，應用直角三角形中銳角正弦等於對邊比斜邊的關係 $\sin B = h/c$ 和 $\sin C = h/b$，以及 $\angle B = 90° - \alpha$，$\angle C = 90° - \beta$，得到

$$\sin(\alpha + \beta) = \frac{h}{b} \cdot \sin\alpha + \frac{h}{c} \cdot \sin\beta$$
$$= \sin\alpha \cdot \sin(90° - \beta) + \sin\beta \cdot \sin(90° - \alpha)。 \tag{8-2}$$

於是得到一個非常有用的公式

命題 8.1（正弦和角公式） 若 α 和 β 都是銳角，則有

$$\sin(\alpha + \beta) = \sin\alpha \cdot \sin(90° - \beta) + \sin\beta \cdot \sin(90° - \alpha)。 \tag{8-3}$$

要看一個公式有甚麼用處，一個好辦法是用具體的數來代替公式中的字母看能算出甚麼來。

(i) 在正弦和角公式 (8-3) 中，取 $\alpha = \beta = 30°$ 得到

$$\sin 60° = \sin 30° \sin 60° + \sin 30° \sin 60° = 2\sin 30° \sin 60°。 \tag{8-4}$$

把 $\sin 30°$ 當成未知數解出來得到

$$\sin 30° = \frac{\sin 60°}{2\sin 60°} = \frac{1}{2}。 \tag{8-5}$$

這是一條新的知識！

(ii) 取 $\alpha = \beta = 45°$ 得到

$$\sin 90° = \sin 45° \sin 45° + \sin 45° \sin 45° = 2(\sin 45°)^2。 \tag{8-6}$$

因為 $\sin 90° = 1$，故 (8-6) 式可寫成 $2(\sin 45°)^2 = 1$。

為了簡便，約定可以把 $(\sin x)^2$ 寫成 $\sin^2 x$，（8-6）式可寫成

$$2\sin^2 45° = 1 。$$

設 $x = 2\sin 45°$，得到方程

$$x^2 = 2 ， \qquad (8\text{-}7)$$

這是一個簡單的二次方程。

方程（8-7）的解是這樣一個數，它的平方等於 2。

【補充資料 4】

整數的平方顯然不能等於 2。

古希臘數學家已經發現，任何分數的平方也不可能等於 2。這道理並不複雜。如果有一個約簡了的分數 n/m，滿足等式 $(n/m)^2 = 2$，就有 $n^2 = 2m^2$。n^2 的個位數字只可能是 0，1，4，5，6，9 中之一，而 $2m^2$ 的個位數字只可能是 0，2，8 中之一。如果 $n^2 = 2m^2$，等式兩端的個位數字只可能都是 0，這表明 n/m 的分子分母中都包含因子 5，而這是不可能的，因為它是約簡了的分數。

也可以更簡單地來否定等式 $n^2 = 2m^2$ 的可能性：左端 n^2 含有因子 2 的個數是偶數，右端 $2m^2$ 含有因子 2 的個數是奇數！

因此，平方等於 2 的數不可能是有理數。類似地，平方等於 3、等於 5、等於 7 的數也不可能是有理數，它們叫做無理數。

有理數都可以用正或負的有限小數或無限循環小數表示。無理數則可以用正或負的無限不循環小數表示。有理數和無理數合稱為實數。

設 a 為實數。平方等於 a 的數，也就是方程 $x^2 = a$ 的根，叫做 a 的平方根。因為實數的平方不可能為負數，所以負數在實數範圍內沒有平方根。0 的平方根還是 0。當 $a > 0$ 時，a 的正平方根叫做 a 的算術平方根，記做 $\sqrt{a}$。顯然，$-\sqrt{a}$ 也是 a 的平方根。

回到方程（8-7）。按照上面約定的術語和記號，它的兩個根是 $\sqrt{2}$ 和 $-\sqrt{2}$。原來設 $x = 2\sin45°$，而 $\sin45°$ 是正數，所以得到

$$\sin45° = \frac{\sqrt{2}}{2} \approx 0.7071。 \tag{8-8}$$

（iii）在正弦和角公式（8-3）中，取 $\alpha = 30°$，$\beta = 60°$ 得到

$$\sin90° = \sin^2 30° + \sin^2 60°， \tag{8-9}$$

由此得到 $\sin^2 60° = 3/4$，從而

$$\sin60° = \frac{\sqrt{3}}{2} \approx 0.8660。 \tag{8-10}$$

綜合（8-10），（8-8）和（8-5）式，並根據互補角正弦相等，列出特殊角正弦表（表 8-1）。

表 8-1　特殊角正弦表

sin0°	sin30°	sin45°	sin60°	sin90°	sin120°	sin135°	sin150°	sin180°
0	$\dfrac{1}{2}$	$\dfrac{\sqrt{2}}{2}$	$\dfrac{\sqrt{3}}{2}$	1	$\dfrac{\sqrt{3}}{2}$	$\dfrac{\sqrt{2}}{2}$	$\dfrac{1}{2}$	0

從這些特殊角的正弦值，可以得到一些幾何推論。

推論 8.1　直角三角形中，30° 角的對邊是斜邊的一半。

推論 8.2　正方形的對角線是邊長的 $\sqrt{2}$ 倍。

推論 8.3　等邊三角形的高，等於邊長的 $\sqrt{3}/2$ 倍。

習題 8.1　思考：不用有關正弦的知識，能不能推出本節的三個推論？

習題 8.2　如圖 8-2，等邊三角形 ABC 的邊長為 7，AD 是其 BC 邊上的高。自 D 向 AB 作垂線，垂足為 E。求 $\triangle ADE$ 的面積。

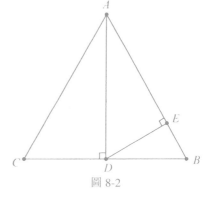

圖 8-2

習題 8.3　正方形面積為 8，求順次連接其各邊中點所得四邊形的周長。

習題 8.4　思考：如果在圖 8-1 中 AD 不是高，能推出甚麼公式嗎？

9. 勾股定理和解直角三角形

上面在正弦和角公式 $\sin(\alpha+\beta) = \sin\alpha \cdot \sin(90° - \beta) + \sin\beta \cdot \sin(90° - \alpha)$ 中，讓兩個角取三種特殊值，結果收穫不小。

所取的三種值中，有兩種的情形滿足 $\beta = 90° - \alpha$。 那麼，如果不設具體數值，就讓 $\beta = 90° - \alpha$，能得到甚麼規律呢？

這時，$\alpha + \beta = 90°$，$90° - \beta = \alpha$，$\sin(\alpha+\beta) = \sin 90° = 1$，得到

命題 9.1（正弦勾股關係）

$$\sin^2\alpha + \sin^2(90° - \alpha) = 1 \text{。} \tag{9-1}$$

當然，此命題也可以表述為：若 $\alpha + \beta = 90°$，則 $\sin^2\alpha + \sin^2\beta = 1$。

在直角 ΔABC 中，如果 $\angle C = 90°$（圖 9-1），則

$$\sin A = \frac{a}{c} \text{，} \sin B = \frac{b}{c} \text{；}$$

由 $A + B = 90°$ 得 $\sin^2 A + \sin^2 B = 1$，即

$$\left(\frac{a}{c}\right)^2 + \left(\frac{b}{c}\right)^2 = 1 \text{，}$$

從而

$$a^2 + b^2 = c^2 \text{，} \tag{9-2}$$

這就是被譽為幾何學基石的勾股定理。

命題 9.2（勾股定理）　直角三角形中，兩直角邊的平方和等於斜邊的平方。

勾股定理有鮮明的幾何意義：在直角三角形的三邊上各作一個正方形，則斜邊上的正方形的面積等於另兩個正方形面積之和。圖 9-2 用面積切割組合的方法驗證了勾股定理。

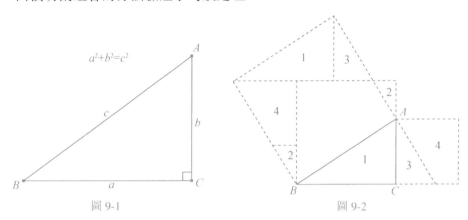

圖 9-1　　　　　　　　　　　　圖 9-2

勾股定理的證明方法有 400 多種，在網上可以查到大量有關的資料。

前面第三節討論解直角三角形的問題時，已知兩直角邊的情形還沒有解決。現在有了勾股定理，知道了直角三角形任意兩條邊，都可以求出第三邊來，解直角三角形的問題就完全解決了。

命題 9.3（直角三角形的求解）　已知直角三角形的兩邊或一邊一銳角，可以求出該三角形的其他未知的邊和角。

自然也就得到

命題 9.4（直角三角形全等判別法）　若兩直角三角形的兩邊對應相等或一邊一銳角對應相等，則此兩三角形全等。

勾股定理的應用極多，今後還會不斷碰到。

前面例 5.1 中證明了線段的垂直平分線上任一點到該線段的兩端點距離相等，並且到線段兩端點距離相等的點都在其垂直平分線上，但證明起來有點曲折。有了勾股定理，這些事實就很清楚了。

如圖 9-3，若點 P 在 AB 的垂直平分線 CM 上，由勾股定理得

$$PA = \sqrt{PM^2 + AM^2} = \sqrt{PM^2 + BM^2} = PB \text{。}$$

另一方面，若 M 不是中點，例如
若 $AM > BM$，則由勾股定理立刻推出

$$PA > PB \text{。}$$

於是很容易就得到了

命題 9.5（中垂線的性質）　(1) 線
段 AB 的垂直平分線上任一點 P 到該
線段的兩端點距離相等；

(2) 到線段 AB 的兩端點距離相等
的點 Q 必在 AB 的垂直平分線上。

圖 9-3

作為中垂線的性質的一個應用，
觀察圖 9-4：M 是直角 ΔABC 的斜邊
AB 的中點。取 BC 中點 N，由三角形

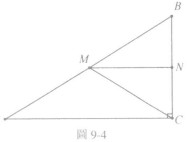

圖 9-4

中位線定理知道 $MN \mathbin{/\!/} AC$，所以 $MN \perp BC$，故 MN 是 BC 的垂直平分線，
從而

$$MC = MB = \frac{AB}{2} \text{。}$$

於是得

命題 9.6　直角三角形斜邊上的中線等於斜邊的一半。

【例 9.1】　若四邊形 $ABCD$ 的兩條對角線 $AC \perp BD$，求證：

$$AB^2 - BC^2 + CD^2 - DA^2 = 0 \text{。}$$

如圖 9-5，只要對四個直角 ΔAEB，ΔBEC，ΔCED，ΔDEA 分別用
勾股定理計算四條邊的平方代入即可。具體計算留給讀者。

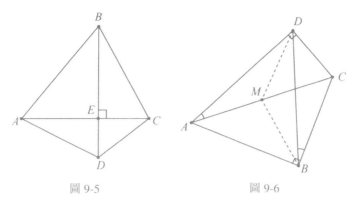

| 圖 9-5 | 圖 9-6 |

【例 9.2】 如圖 9-6，已知四邊形 $ABCD$ 中 $\angle ADC = \angle ABC = 90°$。求證：$\angle DBC = \angle DAC$。

　　證明　作 AC 中點 M，連 MD 和 MB。由於直角三角形斜邊上的中線等於斜邊的一半，故得 $MD = MC = MB$。根據等邊對等角和內角和定理，可得

$$\angle MBC = 90° - \frac{\angle BMC}{2}, \quad \angle MBD = 90° - \frac{\angle BMD}{2},$$

於是

$$\angle DBC = \angle MBC - \angle MBD = \left(90° - \frac{\angle BMC}{2}\right) - \left(90° - \frac{\angle BMD}{2}\right)$$

$$= \frac{\angle BMD - \angle BMC}{2} = \frac{\angle DMC}{2} = \angle DAC,$$

證畢。

【例 9.3】 根據中垂線的性質，用圓規直尺作出已知線段 AB 的中垂線和中點。

　　解　如圖 9-7，分別以 A 和 B 為心，過 B 和 A 作圓（或用相同

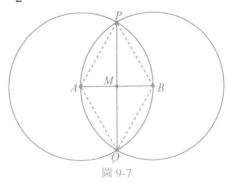

圖 9-7

半徑作圓），兩圓交於 P 和 Q，則直線 PQ 就是 AB 的中垂線（道理何在？）。PQ 和 AB 的交點 M 就是線段 AB 的中點。

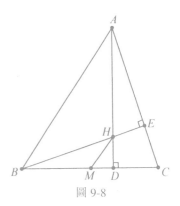

圖 9-8

習題 9.1　已知等腰三角形底邊長為 6m，面積為 12m^2，求其腰的長度。

習題 9.2　如圖 9-8，已知 $\triangle ABC$ 中兩高 AD 和 BE 交於 H，$AD = BC$，M 是 BC 中點，$BC = 12$，$CD = 4$。（1）求 $MH + HD$；（2）其他條件不變，分別對 $CD = 2$，3，5 求 $MH + HD$；（3）從計算結果中總結一般的規律。

習題 9.3　如圖 9-9，等邊 $\triangle PQR$ 的三個頂點在正方形 $ABCD$ 的三條邊上；M 是 PQ 的中點。觀察猜想 $\triangle ABM$ 的性質並加

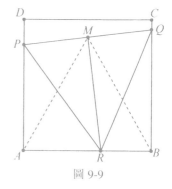

圖 9-9

以論證。進一步思考，若正方形面積為 100，則 $\triangle PQR$ 的面積最大和最小各是多少？

習題 9.4　在等腰三角形 ABC 底邊 BC 所在直線上任取一點 P。求證：

$$PB \cdot PC = |AB^2 - AP^2| \tag{9-3}$$

（提示：作出底邊上的高 AD，應用勾股定理。）

10. 半角正弦和一元二次方程

知道了 $\sin 30° = 1 / 2$，有沒有辦法計算 $\sin 15°$？

在正弦和角公式 $\sin(\alpha + \beta) = \sin\alpha \cdot \sin(90° - \beta) + \sin\beta \cdot \sin(90° - \alpha)$

中取 $\alpha = \beta = 15°$，得到 $\sin 30° = 2 \sin 15° \sin 75°$，即

$$2\sin 15° \sin 75° = \frac{1}{2} \text{。} \qquad (10\text{-}1)$$

另一方面，根據正弦勾股關係有

$$\sin^2 15° + \sin^2 75° = 1 \text{。} \qquad (10\text{-}2)$$

為簡便記 $\sin 15° = u$，$\sin 75° = v$，得方程組

$$\begin{cases} 2uv = \dfrac{1}{2} \text{，} \\ u^2 + v^2 = 1 \text{，} \end{cases} \qquad (10\text{-}3)$$

在方程組（10-3）的前一式中解出 $v = 1/4u$，代入後一式得到

$$u^2 + \frac{1}{16u^2} = 1 \text{，}$$

整理後為

$$16u^4 - 16u^2 + 1 = 0 \text{，} \qquad (10\text{-}4)$$

做變換 $4u^2 = x$，得到一元二次方程

$$x^2 - 4x + 1 = 0 \text{。} \qquad (10\text{-}5)$$

【補充資料 5】

有大量的實際問題和理論問題與一元二次方程有關係。這裏討論一般的一元二次方程的解法。

一元二次方程的一般形式是

$$ax^2 + bx + c = 0 \quad (a \neq 0) \text{。} \qquad (10\text{-}6)$$

取 $p = b/a$，$q = c/a$，則可以將（10-6）式改寫成標準形式

$$x^2 + px + q = 0 \text{。} \qquad (10\text{-}7)$$

下面先探索一下，方程可能有幾個根。

如果知道方程（10-7）的一個根 $x = s$，則

$$s^2 + ps + q = 0 \text{ ；} \tag{10-8}$$

如果還有另一個根 t，則

$$t^2 + pt + q = 0 \text{ 。} \tag{10-9}$$

將（10-9）式減去（10-8）式，得到

$$(t^2 - s^2) + p(t - s) = (t - s)(t + s + p) = 0 \text{ ，} \tag{10-10}$$

此式表明，$(t - s)$ 或 $(t + s + p)$ 之中必有一個為 0。

這是説，如果還有一個根 t，必有 $s + t = -p$。

另一方面容易檢驗，無論是否有 $t = s$，$t = -(s + p)$ 總是方程的根，亦即有

命題 10.1　如果二次方程 $x^2 + px + q = 0$ 有根 $x = s$，則 $-(s + p)$ 也是它的根。而且至多只有這一個不等於 s 的根。

對一般二次方程 $ax^2 + bx + c = 0$ $(a \neq 0)$ 來説，若它有一個根 $x = s$，則 $-(s + b / a)$ 也是它的根。而且至多只有這一個不等於 s 的根。

這表明，二次方程最多有兩個根。而當 $-(s + p) = s$ 時，也就是 $s = -p / 2$ 時，兩個根相等。而根 $s = -p / 2$ 的意義就是

$$\left(-\frac{p}{2}\right)^2 + p\left(-\frac{p}{2}\right) + q = 0 \text{ ，}$$

即 $p^2 = 4q$。

反之，若 $p^2 = 4q$，則方程化為

$$x^2 + px + q = x^2 + px + \frac{p^2}{4} = \left(x + \frac{p}{2}\right)^2 = 0 \text{ ，}$$

必有 $x = -p / 2$。於是得

命題 10.2　方程 $x^2 + px + q = 0$ 有兩個相等根的充分必要條件是 $p^2 = 4q$，這時它的根 $x = -p/2$。

對一般二次方程 $ax^2 + bx + c = 0$ $(a \neq 0)$ 來說，有兩個相等根的充分必要條件是 $(b/a)^2 = 4c/a$，即 $b^2 - 4ac = 0$，這時它的根為

$$x = -\frac{b}{2a} \text{。}$$

因此，無論方程 $x^2 + px + q = 0$ 的兩個根 s 和 t 是否相等，總有

$$s + t = -p \text{。} \qquad (10\text{-}11)$$

將上式兩端平方得到

$$s^2 + 2st + t^2 = p^2 \text{。} \qquad (10\text{-}12)$$

利用等式 (10-8) 和 (10-9) 得 $s^2 = -ps - q$，$t^2 = -pt - q$，代入 (10-12) 式後得

$$-p(s + t) - 2q + 2st = p^2 \text{。} \qquad (10\text{-}13)$$

將 (10-11) 式代入上式，整理得到

$$st = q \text{，} \qquad (10\text{-}14)$$

綜合 (10-11) 和 (10-14) 式，得到

命題 10.3（二次方程的根與係數關係）　方程 $x^2 + px + q = 0$ 的兩根之和為 $-p$，兩根之積為 q。

對一般二次方程 $ax^2 + bx + c = 0$ $(a \neq 0)$ 來說，兩根之和為 $-b/a$，兩根之積為 c/a。

下面用根與係數關係把兩個根求出來。將 (10-12) 式減去 (10-14) 式的 4 倍，得到等式

$$s^2 - 2st + t^2 = p^2 - 4q \text{，} \qquad (10\text{-}15)$$

也就是

$$(s - t)^2 = p^2 - 4q \text{。} \qquad (10\text{-}16)$$

此式表明，若方程 $x^2 + px + q = 0$ 有實數根，必有 $p^2 - 4q \geq 0$。這時設 $s > t$，則得

$$s - t = \sqrt{p^2 - 4q} \text{。} \tag{10-17}$$

將（10-17）和（10-11）式聯立，解得

$$\begin{cases} s = \dfrac{-p + \sqrt{p^2 - 4q}}{2} \text{,} \\[2mm] t = \dfrac{-p - \sqrt{p^2 - 4q}}{2} \text{。} \end{cases} \tag{10-18}$$

這樣就完全解決了二次方程的求解問題，得到

命題 10.4（二次方程求根公式）　方程 $x^2 + px + q = 0$ 僅當 $p^2 - 4q \geq 0$ 時有實根。兩根的計算公式如（10-18）式。

對一般二次方程 $ax^2 + bx + c = 0$ $(a \neq 0)$ 來説，僅當 $b^2 - 4ac \geq 0$ 時有實根。兩根的計算公式為

$$x = \frac{-b \pm \sqrt{b^2 - 4ac}}{2a} \text{。}$$

獲取二次方程求根公式的另一方法，是把方程 $x^2 + px + q = 0$ 寫成 $x^2 + px = -q$，再做變形

$$x^2 + px = x(x + p) = \left(x + \frac{p}{2} - \frac{p}{2}\right)\left(x + \frac{p}{2} + \frac{p}{2}\right) = \left(x + \frac{p}{2}\right)^2 - \frac{p^2}{4} \text{,}$$

於是就有

$$\left(x + \frac{p}{2}\right)^2 = \frac{p^2}{4} - q = \frac{p^2 - 4q}{4} \text{,}$$

這就容易推出命題 10.4 了。

現在回到方程（10-5），用求根公式解 $x^2 - 4x + 1 = 0$ 得 $x = 2 \pm \sqrt{3}$。由所設 $4u^2 = x$，得

$$\sin 15° = u = \frac{\sqrt{2 \pm \sqrt{3}}}{2} \text{。}$$

但由於 $\sin 15° < \sin 30° = 1 / 2$，故在 $\pm$ 號中只能選取 $-$ 號，從而有

$$\sin 15° = \frac{\sqrt{2 - \sqrt{3}}}{2} \approx 0.2588 \text{。} \tag{10-19}$$

考慮到求根公式是利用兩根的和與積的關係列出二元一次方程組推出來的，所以也可以用類似的方法解方程組（10-3）。將方程組（10-3）中的兩個方程相加和相減，利用完全平方公式得到

$$\begin{cases} (u + v)^2 = \dfrac{3}{2}, \\[2mm] (u - v)^2 = \dfrac{1}{2} \text{。} \end{cases} \tag{10-20}$$

根據正弦的增減性可知 $u + v > 0$，$u - v < 0$，所以（10-20）式可以轉化為二元一次方程

$$\begin{cases} u + v = \sqrt{\dfrac{3}{2}}, \\[2mm] u - v = -\sqrt{\dfrac{1}{2}} \text{。} \end{cases} \tag{10-21}$$

解方程組得到

$$\sin 15° = u = \frac{1}{2}\left(\sqrt{\frac{3}{2}} - \sqrt{\frac{1}{2}}\right) = \frac{\sqrt{6} - \sqrt{2}}{4} \approx 0.2588, \tag{10-22}$$

$$\sin 75° = v = \frac{1}{2}\left(\sqrt{\frac{3}{2}} + \sqrt{\frac{1}{2}}\right) = \frac{\sqrt{6} + \sqrt{2}}{4} \approx 0.9659 \text{。} \tag{10-23}$$

結果發現，sin15° 既可以表示成 $\sqrt{2-\sqrt{3}}\,/\,2$，又可以寫成 $(\sqrt{6}-\sqrt{2})\,/\,4$。兩者是不是同一個數呢？具體計算看到

$$\frac{(\sqrt{6}-\sqrt{2})^2}{4^2} = \frac{6-2\sqrt{12}+2}{16} = \frac{2-\sqrt{3}}{4} = \frac{(\sqrt{2-\sqrt{3}})^2}{2^2}, \quad (10\text{-}24)$$

說明兩者確實是同一個數。

這種方法有一般性。設 $\alpha < 45°$，若知道了 $\sin 2\alpha = k$，則設 $u = \sin\alpha$，$v = \sin(90° - \alpha)$ 便可以列出方程組

$$\begin{cases} 2uv = k, \\ u^2 + v^2 = 1。 \end{cases} \quad (10\text{-}25)$$

將（10-25）式中的兩個方程相加和相減，利用完全平方公式得到

$$\begin{cases} (u+v)^2 = 1+k, \\ (u-v)^2 = 1-k。 \end{cases} \quad (10\text{-}26)$$

根據正弦的增減性可知 $u + v > 0$，$u - v < 0$，故（10-26）式可以轉化為二元一次方程組

$$\begin{cases} u+v = \sqrt{1+k}, \\ u-v = -\sqrt{1-k}。 \end{cases} \quad (10\text{-}27)$$

解得

$$\begin{cases} \sin\alpha = u = \dfrac{\sqrt{1+k}-\sqrt{1-k}}{2}, \\[2mm] \sin(90°-\alpha) = v = \dfrac{\sqrt{1+k}+\sqrt{1-k}}{2}。 \end{cases} \quad (10\text{-}28)$$

這樣就能不斷求出越來越小的角的正弦值，再利用正弦和角公式把小角組合成各種大小的角，求出更多的角的正弦值。古代在航海和天文觀測活動中使用的正弦表，就是用類似方法辛辛苦苦計算得來的。

習題 10.1　試求 sin22.5° 和 sin52.5° 的值。

習題 10.2　如圖 10-1，E 在正方形 $ABCD$ 的 BC 邊上，$\angle EAB = 15°$，M 是 AE 中點。請觀察思考 ΔMCD 有何特點，並論證你的判斷。

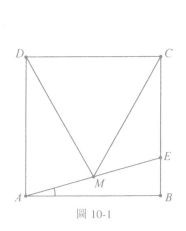

圖 10-1

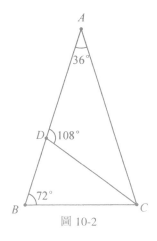

圖 10-2

習題 10.3　如圖 10-2，D 是 ΔABC 的 AB 邊上的點，$\angle B = 2\angle A = 72°$，$\angle ADC = 108°$。(1) 求比值 AB / BC；(2) 利用前一結果求 sin18° 的值。

[答案：$\sin 18° = (\sqrt{5} - 1) / 4 \approx 0.3090$]

11. 正弦差角公式和負角的正弦

上面一系列的結果表明，正弦和角公式很有用。

由和聯想到差，能不能推出兩角差的正弦？

依樣畫葫蘆，如圖 11-1，設 $\angle BAD = \alpha$，$\angle CAD = \beta$，而 α 和 β 都是銳角。過 D 作 AD 的垂線和兩角的邊分別交於 B 和 C。

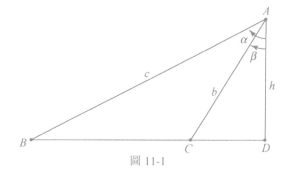

圖 11-1

考慮兩直角三角形的面積的差，則有 $\Delta ABC = \Delta ABD - \Delta ACD$，由面積公式得到

$$\frac{bc\sin(\alpha - \beta)}{2} = \frac{ch\sin\alpha}{2} - \frac{bh\sin\beta}{2}。 \tag{11-1}$$

將上式兩端同乘 2 並同除以 bc，應用直角三角形中銳角正弦等於對邊比斜邊的關係 $\sin B = h / c$ 和 $\sin\angle ACD = h / b$，以及 $\angle B = 90° - \alpha$，$\angle ACD = 90° - \beta$，得到

$$\sin(\alpha - \beta) = \frac{h}{b} \cdot \sin\alpha - \frac{h}{c} \cdot \sin\beta$$

$$= \sin\alpha \cdot \sin(90° - \beta) - \sin\beta \cdot \sin(90° - \alpha)。 \tag{11-2}$$

於是得到類似的公式。

命題 11.1（正弦差角公式） 若 α 和 β 都是銳角且 $\alpha > \beta$，則有

$$\sin(\alpha - \beta) = \sin a \cdot \sin(90° - \beta) - \sin\beta \cdot \sin(90° - \alpha)。 \tag{11-3}$$

【例 11.1】 用正弦差角公式計算 $\sin 15°$。

解 由 $15° = 45° - 30°$，用正弦差角公式得

$$\sin 15° = \sin(45° - 30°) = \sin 45° \cdot \sin 60° - \sin 30° \cdot \sin 45°$$

$$= \frac{\sqrt{6} - \sqrt{2}}{4}, \tag{11-4}$$

這和上一節解方程得到的結果一致，但計算量少得多。

比較正弦和角公式和正弦差角公式會發現，如果把 $\alpha - \beta$ 寫成 $\alpha + (-\beta)$，從形式上套用正弦和角公式，就得到

$$\sin(\alpha + (-\beta)) = \sin\alpha \cdot \sin(90° - (-\beta)) + \sin(-\beta) \cdot \sin(90° - \alpha)$$

$$= \sin\alpha \cdot \sin(90° + \beta) + \sin(-\beta) \cdot \sin(90° - \alpha)$$

$$= \sin\alpha \cdot \sin(90° - \beta) + \sin(-\beta) \cdot \sin(90° - \alpha)。 \tag{11-5}$$

上面最後一步，是因為 $90° + \beta$ 和 $90° - \beta$ 互補，故

$$\sin(90° + \beta) = \sin(90° - \beta)。$$

在（11-5）式中出現了負角的正弦 $\sin(-\beta)$，這是形式上套公式的結果。到目前為止，還沒有定義過負角和負角的正弦。但是，如果約定 $\sin(-\beta) = -\sin\beta$，（11-5）式就和正弦差角公式結果一致了。這樣就能夠把正弦差角公式歸結為和角公式的特款，把兩個公式統一成一個，好處是可以少記一個公式，也提高了看問題的數學觀點。

【補充資料 6】

在數學運算中，有時會產生超出約定概念範圍的結果。數學家的經驗表明，如果簡單地拒絕這些「不合法」的結果，就可能失去一次創新的機會。反之，如果擴充概念，「不合法」的結果常常能夠得到合理地解釋而變得合法化，數學描述客觀事物的能力就進一步擴大了，解決問題的能力也就加強了。

我們來擴充角的概念，讓負角合法化。

幾何中的角，本來是指具有公共端點的兩條射線所構成的圖形。如果從運動的觀點考察一個角形成的過程，角就會被賦予新的意義。

觀察圖 11-2，在半徑為 OA 的圓上有一個動點 P，P 自 A 開始在圓上運動，射線 OP 隨着旋轉，和 OA 形成了一個角。如果不僅考慮射線 OP 的位置，還考慮到旋轉的方向，就有兩種可能：順時針旋轉或逆時針旋轉。逆時針旋轉形成的角其值為正，順時針旋轉形成的角其值為負。OA 叫做角的始邊，OP 叫做角的終邊。

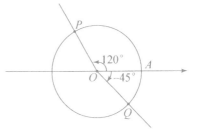

圖 11-2

這樣區別了始邊和終邊的角叫做有向角，記做 $\measuredangle POA$。注意這裏第一個字母 P 是終邊上的點。在圖 11-2 中，$\measuredangle POA = 120°$，而 $\measuredangle QOA = -45°$。圖上用帶有箭頭的小弧表示旋轉的方向。但即使不畫小弧，從記號上也能識別始邊和終邊，從而看出旋轉方向。有向角的角度取值範圍是大於 $-180°$ 而不大於 $180°$。

對於有向角的正弦，作這樣的約定：若 $\angle POA > 0°$，$\sin \measuredangle POA = \sin\angle POA$；若 $\measuredangle POA < 0°$，$\sin \measuredangle POA = -\sin\angle POA$。

在圖 11-2 中，容易求出點 P 到直線 OA 的距離為 $OP\sin 120°$，而點 Q 到直線 OA 的距離為 $OQ\sin 45°$。但這樣的距離數據不能反映點 P 和點 Q 在直線 OA 兩側的情形。

為了更全面地描述點和直線的關係，引進帶號距離的概念。

射線 OA 所在的直線 OA 叫做有向直線。P 是同平面上的直線 OA 外一點。若 $\measuredangle POA > 0°$，則稱 P 在有向直線 OA 的正側，P 到有向直線 OA 的帶號距離就是 P 到直線 OA 的距離；若 $\measuredangle POA < 0°$，則稱 P 在有向直線 OA 的負側，P 到有向直線 OA 的帶號距離就是 P 到直線 OA 的距離的相反數。

在以上概念的基礎上，點 P 到有向直線 OA 的帶號距離顯然等於 $OP\sin \measuredangle POA$。一個重要的推論是：

命題 11.2　若點 P 在以 O 為心的單位圓上，$\sin \measuredangle POA$ 就是 P 到有向直線 OA 的帶號距離（圖 11-3）。

這也可以作為有向角的正弦的定義。

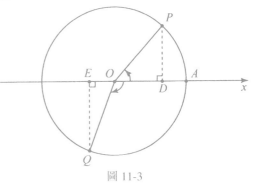

圖 11-3

可以檢驗，對於有向角，正弦和角公式仍然成立。

【例 11.2】 若 $\alpha > 0°$，$\beta \geq 90°$，$\alpha + \beta < 180°$，檢驗正弦和角公式。

解 由條件知 $\alpha < 180° - \beta$，而且 α 和 $180° - \beta$ 都是銳角，所以有

$$\sin(\alpha + \beta) = \sin(180° - \alpha - \beta) = \sin((180° - \beta) - \alpha)$$

$$= \sin(180° - \beta) \cdot \sin(90° - \alpha) - \sin\alpha \cdot \sin(90° - (180° - \beta))$$

$$= \sin\beta \cdot \sin(90° - \alpha) - \sin\alpha \cdot \sin(\beta - 90°)$$

$$= \sin\beta \cdot \sin(90° - \alpha) + \sin\alpha \cdot \sin(90° - \beta) 。$$

本節引進的新概念比較多：有向角、有向直線、帶號距離、負角的正弦等。這些概念以後可以慢慢體會，目前只要記住 $\sin(-\alpha) = -\sin\alpha$ 就行了。

習題 11.1 用正弦差角公式求 $\sin 3°$。

習題 11.2 若 $0° \leq \alpha \leq 90° \leq \beta \leq 180°$，驗證差角公式成立。

第二站小結

這一站只有四個小節，但是所包含的思想和方法卻非常重要，所得到的知識非常有用，值得細細玩味。

一個三角形被一條高線分成兩塊，兩塊面積加起來等於這個三角形的面積，這本來是十分平常的事。

但是，把這平常的事用數學語言敘述成為一個等式，對等式進行變形，就得到一個不平凡的結果。它就是十分有用的正弦和角公式，也叫做正弦加法定理。

只看一個數學公式的一般形式，常常看不出它有多大的用處。要知道它有多大用處，就要考察特殊案例。

好比下棋，象棋大師的高明之處，只能在對弈行棋時的精彩招數中表現出來。

正弦和角公式中有兩個參數，α 和 β。讓兩個參數分別取一些特殊值，我們就獲得了幾個特殊角的正弦值，這是新的知識。對於正弦，我們知道得更深入了。

有了關於正弦的新知識，就得到了新的幾何知識，例如「直角三角形中 30° 銳角的對邊是斜邊的一半」。

兩個參數分別取定特殊值，得到特殊角的正弦值。如果留有餘地，不把參數值取定，只限定兩者之和為直角，試試能得到甚麼呢？

這一下非同小可，輕鬆獲得了勾股定理！

從明顯的平常事實出發，推上不多的幾步，就挖掘出深深埋藏的珍寶，這就是數學思想和數學方法的力量。

正弦如此有用，正弦和角公式如此有用，值得繼續思考探索。

和為直角，是兩參數間關係的一種。還可以考慮其他關係。一種最簡單的關係是相等。取兩者相等，得到了等式

$$\sin 2\alpha = 2\sin\alpha \cdot \sin(90° - \alpha)。$$

如果已知 $\sin 2\alpha$，把 $\sin\alpha$ 看成未知數，就得到一個二次方程。

幾何、代數和三角，緊緊地連在一起了。

在代數的幫助下，我們對正弦了解得更多了。我們能夠求出無數個角的正弦，正弦表的奧秘被初步揭露出來。

由和想到差是自然的事。類似於和角公式，我們推出了差角公式。從差角公式引出了負角，於是又探索負角正弦的合理的意義。數學的概念就是這樣不斷推廣，概念的推廣使原來得到的公式有了更大的適用範圍。

第三站

餘弦和
餘弦定理

12. 餘弦的定義和性質

前面看到，當討論的問題涉及 $\sin\alpha$ 時，一再出現 $\sin(90° - \alpha)$。為了方便，引進一個新的記號：

定義 12.1　角 A 的餘角的正弦，叫做 A 的餘弦，記做 $\cos A$。用公式表示即

$$\cos A = \sin(90° - A)。 \tag{12-1}$$

因 $\sin\alpha$ 對 $-180° < \alpha \le 180°$ 有意義，故餘弦 $\cos A$ 對 $-180° < 90° - A \le 180°$ 有意義，也就是對 $-90° \le A < 270°$ 有意義。

以後將把正弦和餘弦的定義拓展到任意度數的角，不過那就要先說清楚任意度數的角的意義。而在目前，為了研究幾何問題，$0° \le A \le 180°$ 已經夠了。

引進適當的簡化記號，可以促進數學的發展，因為記號是數學語言的一部分，語言簡化了，就有了更豐富的表現力。

餘弦的引入依賴於正弦，所以從正弦的性質就得到餘弦的性質。下面將餘弦性質一一列舉出來，也就溫習了正弦性質，又是一次溫故知新。

命題 12.1（餘弦的基本性質）　（1）直角的餘弦為 0：$\cos 90° = 0$；

（2）$0°$ 角的餘弦為 1：$\cos 0° = 1$；

平角的餘弦為 -1：$\cos 180° = -1$；

（3）互補角餘弦互為相反數：$\cos(180° - A) = -\cos A$；

（4）$\cos(-A) = \cos A$。

這些基本性質請讀者根據餘弦定義和正弦性質來驗證。

命題 12.2（餘弦的增減性） 當 A 從 $0°$ 增加到 $180°$ 時，$\cos A$ 從 1 減少到 -1。由此可見，在 $0°$ 到 $180°$ 範圍內，$\alpha = \beta$ 當且僅當 $\cos\alpha = \cos\beta$。

證明 當 $0° \le \alpha < \beta \le 90°$ 時，$0 \le 90° - \beta < 90° - \alpha \le 90°$，故

$\cos\alpha = \sin(90° - \alpha) > \sin(90° - \beta) = \cos\beta$。

當 $90° \le \alpha < \beta \le 180°$ 時，$0° \le \alpha - 90° < \beta - 90° \le 90°$，故

$\cos\alpha = -\sin(\alpha - 90°) > -\sin(\beta - 90°) = \cos\beta$。

總之，當 $0° \le \alpha < \beta \le 180°$ 時，都有 $\cos\alpha > \cos\beta$，證畢。

從上面兩個命題看到，餘弦的性質和正弦大不相同。銳角和鈍角的正弦都是正的，餘弦卻是銳角正，鈍角負。在 $0°$ 到 $180°$ 範圍內，互補的角正弦相等，所以知道了一個角的正弦有時還不能確定這個角。而如果知道了餘弦，角也就確定了，這是餘弦的好處。

命題 12.3（直角三角形中銳角的餘弦） 在斜邊為 AB 的直角 $\triangle ABC$ 中，銳角的餘弦等於其鄰邊和斜邊的比（圖 12-1）。亦即

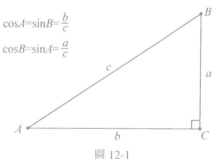

圖 12-1

$$\cos A = \sin B = \frac{b}{c}, \cos B = \sin A = \frac{a}{c}。 \tag{12-2}$$

命題 12.4（和差角公式） 當 $0° \le \alpha \le 180°$，$0° \le \beta \le 180°$，$0° \le \alpha + \beta \le 180°$ 時有

$$\begin{aligned} \sin(\alpha + \beta) = \sin\alpha \cdot \cos\beta + \cos\alpha \cdot \sin\beta，\\ \cos(\alpha + \beta) = \cos\alpha \cdot \cos\beta - \sin\alpha \cdot \sin\beta； \end{aligned} \tag{12-3}$$

$$\begin{aligned} \sin(\alpha - \beta) = \sin\alpha \cdot \cos\beta - \cos\alpha \cdot \sin\beta，\\ \cos(\alpha - \beta) = \cos\alpha \cdot \cos\beta + \sin\alpha \cdot \sin\beta。 \end{aligned} \tag{12-4}$$

證明 （12-3）式中前一式由正弦和角公式 (8-3) 和例 11.2，把其中的 $\sin(90° - X)$ 換成 $\cos X$ 即可。後一式可轉化為正弦和角或差角公式，這裏不妨設 $0° \le \alpha \le 90°$，則有

$$\cos(\alpha + \beta) = \sin(90° - (\alpha + \beta)) = \sin((90° - \alpha) - \beta)$$
$$= \sin(90° - \alpha) \cdot \cos\beta - \sin\beta \cdot \cos(90° - \alpha)$$
$$= \cos\alpha \cdot \cos\beta - \sin\alpha \cdot \sin\beta \text{。}$$

至於（12-4）式請讀者自行驗證。

命題 12.5（勾股關係）

$$\sin^2\alpha + \cos^2\alpha = 1 \text{。} \tag{12-5}$$

命題 12.6（正弦倍角公式）

$$\sin 2\alpha = 2\sin\alpha \cdot \cos\alpha \text{。} \tag{12-6}$$

命題 12.7（餘弦倍角公式）

$$\cos 2\alpha = 2\cos^2\alpha - 1 \text{。} \tag{12-7}$$

為證明（12-7）式，只要在餘弦和角公式（12-3）的後一式中取 $\beta = \alpha$，再用勾股關係（12-5）把式中的正弦化成餘弦就可以了。

從（12-7）式看到，求半角的餘弦比求半角的正弦要簡單。

可見，用 $\cos\alpha$ 代替 $\sin(90° - \alpha)$，許多公式顯得更簡潔了。

命題 12.8（積化和差）

$$\sin\alpha \cdot \cos\beta = \frac{\sin(\alpha + \beta) + \sin(\alpha - \beta)}{2} \text{，}$$
$$\cos\alpha \cdot \sin\beta = \frac{\sin(\alpha + \beta) - \sin(\alpha - \beta)}{2} \text{，}$$
$$\cos\alpha \cdot \cos\beta = \frac{\cos(\alpha - \beta) + \cos(\alpha + \beta)}{2} \text{，} \tag{12-8}$$
$$\sin\alpha \cdot \sin\beta = \frac{\cos(\alpha - \beta) - \cos(\alpha + \beta)}{2} \text{。}$$

命題 12.9（和差化積）

$$\sin x + \sin y = 2\sin\frac{x+y}{2}\cdot\cos\frac{x-y}{2} \;,$$

$$\sin x - \sin y = 2\sin\frac{x-y}{2}\cdot\cos\frac{x+y}{2} \;, \qquad (12\text{-}9)$$

$$\cos x + \cos y = 2\cos\frac{x+y}{2}\cdot\cos\frac{x-y}{2} \;,$$

$$\cos x - \cos y = -2\sin\frac{x+y}{2}\cdot\sin\frac{x-y}{2} \;。$$

命題 12.8 可以從（12-3）式和（12-4）式中的幾個等式相加減得到。然後在（12-8）式中令 $\alpha+\beta=x$，$\alpha-\beta=y$，即可得到（12-9）式中的兩式。再用 $\sin(-y)=-\sin y$ 和 $\cos(180°-y)=-\cos y$ 等關係，就可以得到另兩式。具體推導留作習題。

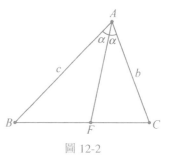

圖 12-2

【例 12.1】 已知 ΔABC 的兩邊 $AB=c$，$AC=b$ 和 $\angle A=2\alpha$。求 $\angle A$ 的分角線 AF 之長（圖 12-2）。

解 利用面積關係 $\Delta ABF+\Delta AFC=\Delta ABC$，再用面積公式並化簡得

$$c\cdot AF\cdot\sin\alpha + b\cdot AF\cdot\sin\alpha = b\cdot c\cdot\sin 2\alpha \;。 \qquad (12\text{-}10)$$

將倍角公式 $\sin 2\alpha = 2\sin\alpha\cdot\cos\alpha$ 代入上式並整理得

$$AF = \frac{2bc\cos\alpha}{b+c} \;。$$
$$(12\text{-}11)$$

【例 12.2】 如圖 12-3，ΔABC 的兩高 AD 和 BE 交於 P，求證：

$$\frac{AP}{AD} = \frac{\cos(\alpha+\beta)}{\cos\alpha\cdot\cos\beta} \;。$$

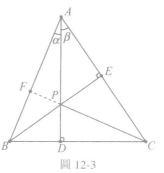

圖 12-3

證明　在直角 ΔAPE 中，$AE = AP\cos\beta$；在直角 ΔABE 中，$AE = AB\cos(\alpha + \beta)$；在直角 ΔABD 中，$AD = AB\cos\alpha$；因此得到

$$\frac{AP}{AD} = \frac{AP}{AE} \cdot \frac{AE}{AB} \cdot \frac{AB}{AD} = \frac{1}{\cos\beta} \cdot \frac{\cos(\alpha + \beta)}{1} \cdot \frac{1}{\cos\alpha} = \frac{\cos(\alpha + \beta)}{\cos\alpha \cdot \cos\beta},$$

證畢。

習題 12.1　試證明，任意三角形中大角的分角線較短（提示：用例 12.1 的結果和餘弦的增減性）。由此推出「若兩角的分角線相等則其對邊相等」。

習題 12.2　用例 12.2 的結果證明，三角形的三高交於一點。

習題 12.3　在圖 5-1 中，作出等腰 ΔABC 底邊上的高，再計算兩個三角形面積之差 $\Delta ABD - \Delta ACD$，直接推出（12-9）式中的第二個等式。類似地，想想其他等式的幾何意義。

13. 餘弦定理及其推論

餘弦的引入，開始不過是為了簡化記號，但它一旦出生，便會有自己的性格、自己的本領。

如圖 13-1，在 ΔABC 中，自頂點 A 作高線 AD，則不論 $\angle B$ 和 $\angle C$ 的大小如何，總有 $b \cdot \sin C = c \cdot \sin B = AD$，這是正弦的特色，也是正弦定理的一種表現形式。

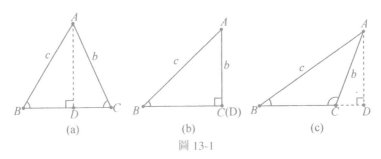

圖 13-1

如果把上面運算式中的正弦換成餘弦，則等式不成立了。而且圖中的三種情形有所不同：

圖 13-1(a)，$c \cdot \cos B = BD$，$b \cdot \cos C = DC$；

圖 13-1(b)，$c \cdot \cos B = BC$，$b \cdot \cos C = 0$；

圖 13-1(c)，$c \cdot \cos B = BD$，$b \cdot \cos C = -DC$；

但這三種不同情形下，都成立一個相同的等式

$$c \cdot \cos B + b \cdot \cos C = BC = a。$$

輪換三角形頂點的字母，得到

命題 13.1　在任意 ΔABC 中，若以對應小寫字母記各角的對邊，則有

$$\begin{cases} c \cdot \cos B + b \cdot \cos C = a， \\ c \cdot \cos A + a \cdot \cos C = b， \\ b \cdot \cos A + a \cdot \cos B = c。 \end{cases} \qquad (13\text{-}1)$$

如果把三角形的三邊當成已知數，把三個角的餘弦當成未知數，(13-1) 式就成了一個三元聯立一次方程組，這個方程組可以用加減消元法或代入消元法來解。下面的特殊解法也很有趣。

將（13-1）式的第一式乘 a，第二式乘 b，第三式乘 c，得到

$$\begin{cases} ac \cdot \cos B + ab \cdot \cos C = a^2， \\ bc \cdot \cos A + ab \cdot \cos C = b^2， \\ bc \cdot \cos A + ac \cdot \cos B = c^2。 \end{cases} \qquad (13\text{-}2)$$

把（13-2）式中的三個等式相加得到

$$2bc \cdot \cos A + 2ac \cdot \cos B + 2ab \cdot \cos C = a^2 + b^2 + c^2。 \qquad (13\text{-}3)$$

從（13-3）式中減去（13-2）式中第一式的兩倍，得到

$$2bc \cdot \cos A = b^2 + c^2 - a^2， \qquad (13\text{-}4)$$

同理得到

$$2ac \cdot \cos B = a^2 + c^2 - b^2，\qquad (13\text{-}5)$$

$$2ab \cdot \cos C = a^2 + b^2 - c^2。\qquad (13\text{-}6)$$

從上面三個等式容易解出三個角的餘弦：

$$\begin{cases} \cos A = \dfrac{b^2 + c^2 - a^2}{2bc}， \\[2mm] \cos B = \dfrac{a^2 + c^2 - b^2}{2ac}， \\[2mm] \cos C = \dfrac{a^2 + b^2 - c^2}{2ab}。 \end{cases} \qquad (13\text{-}7)$$

通常把三個等式略為變形，成為

命題 13.2（餘弦定理） 在任意 $\triangle ABC$ 中，若以對應小寫字母記各角的對邊，則有

$$a^2 = b^2 + c^2 - 2bc \cdot \cos A，$$
$$b^2 = a^2 + c^2 - 2ac \cdot \cos B，\qquad (13\text{-}8)$$
$$c^2 = a^2 + b^2 - 2ab \cdot \cos C。$$

從餘弦定理立刻得到一系列推論：

推論 13.1（勾股定理和它的逆定理） 在 $\triangle ABC$ 中，$a^2 + b^2 = c^2$ 的充分必要條件是 $\angle C$ 為直角。

用正弦和角公式，前面曾從 $\angle C$ 為直角推出 $a^2 + b^2 = c^2$，現在進一步知道，從 $a^2 + b^2 = c^2$ 也可以推出 $\angle C$ 為直角。對勾股定理的認識又深入一步了。

推論 13.2 在 $\triangle ABC$ 中，若 $a > b$，則 $\angle A > \angle B$；若 $a = b$，則 $\angle A = \angle B$。

這是因為，當 $a = b$ 時有

$$\cos A = \frac{b^2 + c^2 - a^2}{2bc} = \frac{a^2 + c^2 - b^2}{2ac} = \cos B \text{，} \qquad (13\text{-}9)$$

而當 $a > b$ 時有

$$\cos A = \frac{b^2 + c^2 - a^2}{2bc} < \frac{a^2 + c^2 - b^2}{2ac} = \cos B \text{。} \qquad (13\text{-}10)$$

這個結論前面已經證明了。這裏用餘弦定理推出就更直截了當。

推論 13.3　在 ΔABC 中，$\angle C$ 為鈍角的充分必要條件是 $a^2 + b^2 < c^2$。

推論 13.4　在 ΔABC 中，若 $\angle C$ 的兩夾邊長度不變而 $\angle C$ 變大，則 c 邊變大。

上面兩個推論的證明作為習題。

推論 13.5　四邊形 $ABCD$ 中對角線 AC 和 BD 相交於 P，記 $\angle APD = \alpha$，則

$$AB^2 - BC^2 + CD^2 - DA^2 = 2AC \cdot BD \cdot \cos\alpha \text{。} \qquad (13\text{-}11)$$

證明　設 AC 和 BD 交於點 P，如圖 13-2。

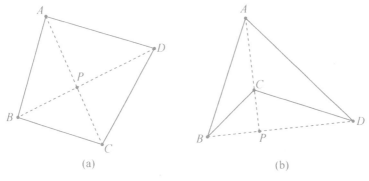

(a)　　　　　　　　　　(b)

圖 13-2

在圖 (a) 情形 $\angle APD = \angle BPC = \alpha$，$\angle APB = \angle CPD = 180° - \alpha$。由於 $\cos(180° - \alpha) = -\cos\alpha$，得到

$$\begin{cases} AB^2 = PA^2 + PB^2 + 2PA \cdot PB \cdot \cos\alpha \text{,} \\ BC^2 = PB^2 + PC^2 - 2PB \cdot PC \cdot \cos\alpha \text{,} \\ CD^2 = PC^2 + PD^2 + 2PC \cdot PD \cdot \cos\alpha \text{,} \\ DA^2 = PD^2 + PA^2 - 2PD \cdot PA \cdot \cos\alpha \text{,} \end{cases}$$

所以

$$AB^2 - BC^2 + CD^2 - DA^2$$
$$= 2(PA \cdot PB + PB \cdot PC + PC \cdot PD + PD \cdot PA)\cos\alpha$$
$$= 2(PA + PC)(PD + PB)\cos\alpha$$
$$= 2AC \cdot BD \cdot \cos\alpha \text{ 。}$$

在圖 (b) 情形 $\angle APD = \angle DPC = \alpha$，$\angle APB = \angle BPC = 180° - \alpha$，得到

$$\begin{cases} AB^2 = PA^2 + PB^2 + 2PA \cdot PB \cdot \cos\alpha \text{,} \\ BC^2 = PB^2 + PC^2 + 2PB \cdot PC \cdot \cos\alpha \text{,} \\ CD^2 = PC^2 + PD^2 - 2PC \cdot PD \cdot \cos\alpha \text{,} \\ DA^2 = PD^2 + PA^2 - 2PD \cdot PA \cdot \cos\alpha \text{,} \end{cases}$$

所以

$$AB^2 - BC^2 + CD^2 - DA^2$$
$$= 2(PA \cdot PB - PB \cdot PC - PC \cdot PD + PD \cdot PA)\cos\alpha$$
$$= 2(PA - PC)(PD + PB)\cos\alpha$$
$$= 2AC \cdot BD \cdot \cos\alpha \text{ 。}$$

推論證畢。

由推論 13.5 可得

推論 13.6　四邊形 $ABCD$ 中，對角線 AC 和 BD 相互垂直的充要條件是

$$AB^2 - BC^2 + CD^2 - DA^2 = 0 \text{ 。} \tag{13-12}$$

【例 13.1】（三斜求積公式）　已知 ΔABC 的三邊 a，b 和 c，求三角形的面積。

解　根據面積公式

$$\Delta ABC = \frac{ab \cdot \sin C}{2}，$$

有

$$\sin C = \frac{2\Delta ABC}{ab}；$$

根據餘弦定理，有

$$\cos C = \frac{a^2 + b^2 - c^2}{2ab}；$$

由正弦和餘弦的勾股關係 $\sin^2 C + \cos^2 C = 1$，便得

$$\frac{(2\Delta ABC)^2}{a^2 b^2} + \frac{(a^2 + b^2 - c^2)^2}{4a^2 b^2} = 1 \qquad (13\text{-}13)$$

從上式中解出

$$\Delta ABC = \frac{1}{4}\sqrt{4a^2 b^2 - (a^2 + b^2 - c^2)^2}，\qquad (13\text{-}14)$$

這就是中國宋代數學家秦九韶的三斜求積公式。

如果記 ΔABC 的周長的一半為 s，即

$$s = \frac{1}{2}(a + b + c)，$$

則上式可以變形為更容易記憶的對稱形式：

$$
\begin{aligned}
4a^2 b^2 &- (a^2 + b^2 - c^2)^2 \\
&= (2ab + a^2 + b^2 - c^2)(2ab - a^2 - b^2 + c^2) \\
&= ((a+b)^2 - c^2)(c^2 - (a-b)^2) \\
&= (a + b + c)(a + b - c)(a - b + c)(-a + b + c) \\
&= 16s(s - a)(s - b)(s - c)。
\end{aligned}
$$

於是得到所謂的海倫公式

$$\Delta ABC = \sqrt{s(s-a)(s-b)(s-c)} \text{。} \qquad (13\text{-}15)$$

【例 13.2】 已知 ΔABC 的三邊 a，b 和 c，求三角形的三條中線的長。

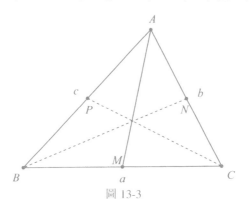

圖 13-3

解 設三邊中點順次為 M，N 和 P，如圖 13-3。在 ΔABM 中應用餘弦定理，有

$$AM^2 = c^2 + BM^2 - 2c \cdot BM \cdot \cos B$$

$$= c^2 + \frac{a^2}{4} - 2c \cdot \frac{a}{2} \cdot \frac{a^2 + c^2 - b^2}{2ac}$$

$$= c^2 + \frac{a^2}{4} - \frac{a^2 + c^2 - b^2}{2} = \frac{2(b^2 + c^2) - a^2}{4} \text{，}$$

因此

$$AM = \frac{\sqrt{2(b^2 + c^2) - a^2}}{2} \text{。} \qquad (13\text{-}16)$$

同理

$$BN = \frac{\sqrt{2(a^2 + c^2) - b^2}}{2} \text{，}$$

$$\qquad (13\text{-}17)$$

$$CP = \frac{\sqrt{2(a^2 + b^2) - c^2}}{2} \text{。}$$

習題 13.1　設四邊形 $ABCD$ 面積為 S，試利用四邊形面積公式 (2-7) 和本節推論 13.5 推導下列等式：

$$16S^2 = 4AC^2 \cdot BD^2 - (AB^2 - BC^2 + CD^2 - DA^2)^2 。$$

習題 13.2　已知 $\triangle ABC$ 的三邊 a，b 和 c，在 BC 邊上取三分點 D，使得 $BC = 3BD$，試推導下列等式：

$$9AD^2 = 3b^2 + 6c^2 - 2a^2 。$$

習題 13.3　在餘弦定理提供的等式 $a = b^2 + c^2 - 2bc\cos A$ 中，當 $\angle A = 0$ 或 $\angle A = \pi$ 時，會出現甚麼情形？幾何意義是甚麼？

習題 13.4　觀察圖 13-4，從面積計算匯出餘弦定理和勾股定理。

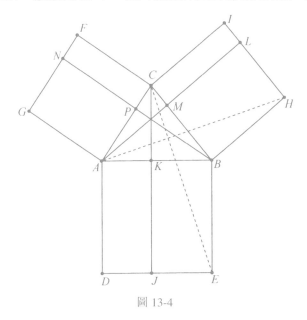

圖 13-4

習題 13.5　利用正弦和角公式與正弦定理匯出餘弦定理 (提示：設 $A + B + C = 180°$，則 $\sin C = \sin(A + B) = \sin A \cdot \cos B + \cos A \cdot \sin B$；將此等式兩端自乘，再用正弦定理與餘弦和角公式推導)。

習題 13.6　觀察圖 13-5，試用勾股定理推導餘弦定理（提示：$a^2 - b^2 = BD^2 - AD^2$）。

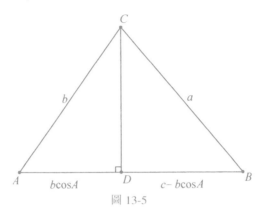

圖 13-5

14. 用平角度量角的大小

上面兩節推出了大量公式定理，辛苦了。

文武之道，一張一弛。這一節說點小事情，休整一下。

數學的語言是符號，引進符號和簡化符號都可能給數學帶來新的發現。

引進正弦符號，就能建立面積公式，發現正弦定理。引進餘弦符號，不但簡化了許多公式，還發現了十分有用的餘弦定理。

符號可以簡化，幾何量的表達也可以簡化。

我們一直用角的度數來描述角的大小，這也是可以簡化的。

例如，不妨用平角作為角的度量單位。

一個平角就等於 $180°$，記做 1pi；但 1 可以省略，所以就記做 pi。這裏 pi 是「平」的拼音「ping」的縮寫，這樣就有

$$\frac{\text{pi}}{2} = 90° , \quad \frac{\text{pi}}{3} = 60° , \quad \frac{\text{pi}}{4} = 45° ,$$

等等。注意，這樣說法是為了便於記憶。

在電腦程式中，常常用 pi 表示圓周率 π，而且讀音相同，所以我們也可以用 π 代替 pi，於是就有

$$\frac{\pi}{2} = 90° \ , \ \frac{\pi}{3} = 60° \ , \ \frac{\pi}{4} = 45° \ , \ \frac{\pi}{6} = 30° \ 。$$

這樣，特殊角的正弦和餘弦值可以列表如下：

表 14-1　特殊角的正弦和餘弦值

$\sin 0$	$\sin\dfrac{\pi}{6}$	$\sin\dfrac{\pi}{4}$	$\sin\dfrac{\pi}{3}$	$\sin\dfrac{\pi}{2}$	$\sin\left(-\dfrac{\pi}{6}\right)$	$\sin\left(-\dfrac{\pi}{4}\right)$	$\sin\left(-\dfrac{\pi}{3}\right)$	$\sin\left(-\dfrac{\pi}{2}\right)$
$\sin\pi$	$\sin\dfrac{5\pi}{6}$	$\sin\dfrac{3\pi}{4}$	$\sin\dfrac{2\pi}{3}$					
$\cos\dfrac{\pi}{2}$	$\cos\dfrac{\pi}{3}$	$\cos\dfrac{\pi}{4}$	$\cos\dfrac{\pi}{6}$	$\cos 0$	$\cos\dfrac{2\pi}{3}$	$\cos\dfrac{3\pi}{4}$	$\cos\dfrac{5\pi}{6}$	$\cos\pi$
0	$\dfrac{1}{2}$	$\dfrac{\sqrt{2}}{2}$	$\dfrac{\sqrt{3}}{2}$	1	$-\dfrac{1}{2}$	$-\dfrac{\sqrt{2}}{2}$	$-\dfrac{\sqrt{3}}{2}$	-1

一般說來，角度數值和平角數值的換算公式為

$$1° = \frac{\pi}{180} \ , \ n° = \frac{n\pi}{180} \ , \ \pi = 180° \ , \ k\pi = k \cdot 180° \ 。 \tag{14-1}$$

【例 14.1】　試求 $\cos(3\pi / 8)$ 的值。

解　利用餘弦倍角公式 (12-7)：$\cos 2\alpha = 2\cos^2\alpha - 1$，取 $\alpha = 3\pi / 8$ 得到

$$\cos\frac{3\pi}{4} = 2\cos^2\frac{3\pi}{8} - 1 \tag{14-2}$$

由

$$\cos\frac{3\pi}{4} = -\frac{\sqrt{2}}{2}$$

得到

$$\cos\frac{3\pi}{8} = \sqrt{\frac{1}{2}\left(1-\frac{\sqrt{2}}{2}\right)} = \frac{\sqrt{2-\sqrt{2}}}{2} \text{ 。}$$

【例 14.2】 扇形的半徑為 R，兩半徑夾角為 $\pi/3$，求其弧長和面積。

解 大小為 $\pi/3$ 的角是平角的 $1/3$，所對的弧長就是平角所對的弧長 πR 的 $1/3$，所以此扇形的弧長為 $\pi R/3$；同理可得此扇形的面積為

$$\frac{1}{3} \cdot \frac{\pi R^2}{2} = \frac{\pi R^2}{6} \text{ 。}$$

從上面例子可見，用平角 π 作為度量角的單位有時比較方便。

習題 14.1 試求 $\cos(5\pi/12)$ 的值。

習題 14.2 扇形的半徑為 R，兩半徑夾角為 $3\pi/4$，求其弧長和面積。

15. 解任意三角形問題的完整回答

在第四節，我們用正弦定理解三角形，得到了一些結果：

(1) 已知三角形的兩個角和一條邊，可以用三角形內角和定理求出第三個角，再用正弦定理求另兩條邊，此情形有唯一的解答。

(2) 已知三角形的兩條邊和其中一條邊的對角，可用正弦定理求另一條已知邊的對角的正弦，再由正弦值查出角的大小，用三角形內角和定理求出第三個角，再用正弦定理求第三條邊。此情形可能有唯一解、無解，或兩個解。

如果已知條件是三邊或者兩邊和它們的夾角，問題尚未解決。

有了餘弦定理，這些問題迎刃而解：

(3) 已知三角形的三條邊，可以用餘弦定理求出兩個角，再用三角形內角和定理求出第三個角。

(4) 已知三角形的兩條邊和夾角，可用餘弦定理求第三邊，化為情形 (3)。

解任意三角形的問題，已經完全解決了。

這四種情形分別簡稱為邊邊邊，邊角邊，兩角一邊和邊邊角。前三種情形，條件合理時則解是唯一的。在邊邊角的情形，可能有兩個解。

用餘弦定理解邊邊角的情形，要解一元二次方程，正好用上判別式。

兩角一邊情形，也可以用餘弦定理來解，或直接來解。

【例 15.1】 已知 ΔABC 的三條邊 $a = 5$，$b = 6$，$c = 7$，求其最大角的正弦值。

解 因為大邊對大角，所以 ΔABC 的最大角為 $\angle C$。由餘弦定理得

$$\cos C = \frac{a^2 + b^2 - c^2}{2ab} = \frac{25 + 36 - 49}{60} = \frac{1}{5} 。$$

根據正弦和餘弦的勾股關係得

$$\sin C = \sqrt{1 - \cos^2 C} = \sqrt{1 - \frac{1}{25}} = \sqrt{\frac{24}{25}} = \frac{2\sqrt{6}}{5} 。$$

【例 15.2】 如圖 15-1，修建隧道前需確定山丘兩側的點 A 和 B 的直線距離。為此選另一點 C，測得 $AC = 300\text{m}$，$BC = 280\text{m}$，$\angle C = 30°$，求 AB。

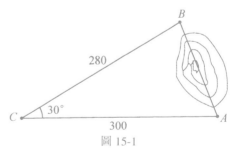

圖 15-1

解　由餘弦定理得

$$AB = \sqrt{a^2 + b^2 - 2ab\cos C} = \sqrt{280^2 + 300^2 - 2 \times 280 \times 300 \times \frac{\sqrt{3}}{2}}$$

$$= 151.35(\text{m})\text{。}$$

習題 15.1　已知 ΔABC 的三條邊 $a = 12$，$b = 15$，$c = 17$。AD 是 a 邊上的高，求 BD。

習題 15.2　兩船同時從 A 出發，甲船每小時約行 20km，向正東行駛；乙船每小時約行 16km，向東南行駛；試估計出發 90 分鐘後兩船的距離。

習題 15.3　給了條件 $b = 10$，$\angle A = 60°$，$a = x$，求作 ΔABC。問 x 在甚麼範圍內能作出唯一的滿足條件的三角形？

16. 相似三角形判定的完全解決

在前面，利用正弦定理推出了（命題 6.1）

相似三角形的角角判定法：對應兩角相等的兩個三角形相似。在 ΔABC 和 ΔXYZ 中，若 $\angle A = \angle X$，$\angle B = \angle Y$，則 $\Delta ABC \sim \Delta XYZ$。

有了餘弦定理，很容易進一步推出

命題 16.1（相似三角形的邊邊邊判定法：對應三邊成比例的兩個三角形相似）　在 ΔABC 和 ΔXYZ 中，若有

$$\frac{a}{x} = \frac{b}{y} = \frac{c}{z}, \tag{16-1}$$

則 $\angle A = \angle X$，$\angle B = \angle Y$，從而 $\Delta ABC \sim \Delta XYZ$。

證明　記

$$\frac{a}{x} = \frac{b}{y} = \frac{c}{z} = k，$$

由餘弦定理得

$$\cos A = \frac{b^2 + c^2 - a^2}{2bc} = \frac{(ky)^2 + (kz)^2 - (kx)^2}{2(ky)(kz)}$$

$$= \frac{y^2 + z^2 - x^2}{2yz} = \cos X， \tag{16-2}$$

從而 $\angle A = \angle X$，同理 $\angle B = \angle Y$，所以 $\triangle ABC \sim \triangle XYZ$。

命題 16.2（相似三角形的邊角邊判定法：對應兩邊成比例且其夾角相等的兩個三角形相似）　在 $\triangle ABC$ 和 $\triangle XYZ$ 中，若有

$$\frac{b}{y} = \frac{c}{z} \tag{16-3}$$

且 $\angle A = \angle X$，則 $\triangle ABC \sim \triangle XYZ$。

證明　記

$$\frac{b}{y} = \frac{c}{z} = k，$$

由餘弦定理得

$$a^2 = b^2 + c^2 - 2bc\cos A$$

$$= (ky)^2 + (kz)^2 - 2(ky)(kz)\cos X$$

$$= k^2 x^2， \tag{16-4}$$

於是得 $a = kx$，從而

$$\frac{a}{x} = \frac{b}{y} = \frac{c}{z} = k；$$

由命題 16.1 可得 $\triangle ABC \sim \triangle XYZ$。

於是，相似三角形判定的問題，基本上都解決了。

【例 16.1】 如圖 16-1，分別畫在兩張方格紙上的兩個三角形是否相似？

解 設 ΔABC 所在的方格紙上小正方形的邊長為 u，ΔPQR 所在的方格紙上小正方形的邊長為 v，應用勾股定理可以求出兩個三角形的邊長：

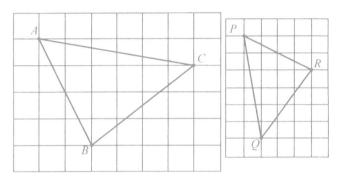

圖 16-1

$$AB = \sqrt{(2u)^2 + (4u)^2} = 2\sqrt{5}u \text{，}$$

$$BC = \sqrt{3^2 + 4^2}u = 5u \text{，}$$

$$CA = \sqrt{1^2 + 6^2}u = \sqrt{37}u \text{，}$$

$$PR = \sqrt{(2v)^2 + (4v)^2} = 2\sqrt{5}v \text{，}$$

$$RQ = \sqrt{3^2 + 4^2}v = 5v \text{，}$$

$$QP = \sqrt{1^2 + 6^2}v = \sqrt{37}v \text{，}$$

因此有

$$\frac{AB}{PR} = \frac{BC}{RQ} = \frac{CA}{QP} = \frac{u}{v} \text{。} \tag{16-5}$$

根據相似三角形的邊邊邊判別法，可知 $\Delta ABC \sim \Delta PRQ$。

【例 16.2】 如圖 16-2，$AB = BC = CA = BD = CD$，過 D 作直線和 AB 的延長線交於 F，和 AC 的延長線交於 E；連 BE 和 CF 交於 G，求 $\angle BGC$ 的大小。

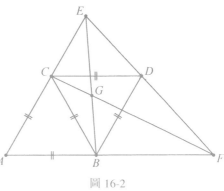

圖 16-2

解 根據三角形中等邊對等角的性質，可以計算出

$$\angle A = \angle ACB = \angle ABC = \angle DCB = \angle DBC = \angle ECD = \angle FBD = 60°，$$

由此推出 $CD \parallel AF$，$BD \parallel AE$，於是得到

$$\frac{EC}{BC} = \frac{EC}{AC} = \frac{ED}{DF} = \frac{AB}{BF} = \frac{BC}{BF} \text{。} \qquad (16\text{-}6)$$

注意到 $\angle ECB = \angle CBF$，根據相似三角形的邊角邊判別法，推出 $\triangle ECB \sim \triangle CBF$，從而 $\angle BEC = \angle FCB$，於是有

$$\angle BGC = \angle BEC + \angle ECF = \angle FCB + \angle ECF = \angle ECB = 120° \text{。}$$

習題 16.1 討論圖 16-3 中的兩個三角形是否相似，說明你判斷的根據。

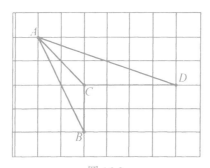

圖 16-3

習題 16.2　如圖 16-4，已知 $\triangle ABC \sim \triangle ADE$。求證：$\triangle ABD \sim \triangle ACE$。

習題 16.3　參看圖 6-10，若已知 $PA \cdot PB = PC \cdot PD$，求證：$\angle ADP = \angle CBP$。

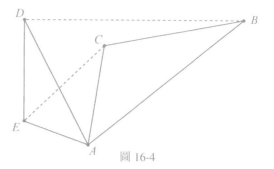

圖 16-4

17. 全等三角形判定的完全解決

在第七節，我們從相似三角形的角角判別法，推出了

全等三角形的兩角一邊判定法　若 $\triangle ABC$ 和 $\triangle XYZ$ 中有 $\angle A = \angle X$，$\angle B = \angle Y$，且 $AB = XY$ 或 $AC = XZ$，則 $\triangle ABC \cong \triangle XYZ$。

有了相似三角形的邊邊邊判定法和邊角邊判定法，取相似比等於 1 的特款，可以得到全等三角形的邊邊邊判定法和邊角邊判定法。

命題 17.1（全等三角形的邊邊邊判定法：對應三邊相等的兩個三角形全等）　在 $\triangle ABC$ 和 $\triangle XYZ$ 中，若有 $a = x$，$b = y$，$c = z$，則 $\angle A = \angle X$，$\angle B = \angle Y$，從而 $\triangle ABC \cong \triangle XYZ$。

這就是在小學裏都知道的三角形的穩定性，現在終於講明白了。

命題 17.2（全等三角形的邊角邊判定法：兩邊一夾角對應相等的兩個三角形全等）　在 $\triangle ABC$ 和 $\triangle XYZ$ 中，若有 $b = y$，$c = z$，且 $\angle A = \angle X$，則 $\triangle ABC \cong \triangle XYZ$。

全等三角形的判定問題，基本上全部解決了。

説基本上解決，是因為還剩下一個有點拖泥帶水的問題：如果兩個三角形中對應相等的不是兩邊一夾角，而是兩邊一對角，這兩個三

角形全等嗎？如果不總是全等，它們在甚麼條件下全等呢？

參看前面解任意三角形時出現的可能有兩個解的情形，就能得到解答。

直接應用餘弦定理和有關二次方程的知識，也容易解決這個問題。

設在 ΔABC 和 ΔXYZ 中，若有 $b = y$，$c = z$，且 $\angle C = \angle Z$，則對應的第三邊 a 和 x 都滿足餘弦定理確定的等式 $c^2 = x^2 + b^2 - 2bx\cos C$，也就是說，$a$ 和 x 都是二次方程

$$x^2 - (2b\cos C)x + (b^2 - c^2) = 0 \qquad\qquad (17\text{-}1)$$

的正根。如果此方程的兩根相等，或另一個根非正，就可以斷定 $a = x$，從而 $\Delta ABC \cong \Delta XYZ$。

甚麼條件下，二次方程 (17-1) 的兩根相等，或另一個根非正？

由二次方程求根公式 (或判別式)，兩根相等的充要條件是 $(2b\cos C)^2 = 4(b^2 - c^2)$，整理得到 $c^2 = b^2(1 - \cos^2 C)$，即

$$c = b\sin C \text{。}$$

由二次方程根與係數的關係，另一個根非正的充要條件是 $b^2 - c^2 \leq 0$，即 $b \leq c$。

因此得到

命題 17.3 (全等三角形的補充判別法)　設在 ΔABC 和 ΔXYZ 中有 $b = y$，$c = z$，且 $\angle C = \angle Z$，則當 $c = b\sin C$ 或 $b \leq c$ 時有 $\Delta ABC \cong \Delta XYZ$。

這個補充判別法實際用處不大，但對它的探究有助於鍛煉數學功力。

圖 17-1(a) 和 (b) 分別說明 $c = b\sin C$ 和 $b \leq c$ 的情形。圖 17-2 則說明在其他情形不能斷定 $a = x$。

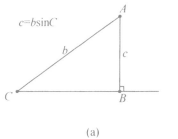

$c = b \sin C$

(a)

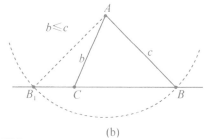

$b \leqslant c$

(b)

圖 17-1

在圖 17-1 的情形，兩邊 b, c 和 $\angle C$ 可以完全確定 $\triangle ABC$。

在圖 17-2 的情形則不然，$\triangle ABC$ 和 $\triangle AB_1C$ 中，$AC = AC$，$AB = AB_1$，$\angle ACB = \angle ACB_1$，但兩個三角形並不全等。

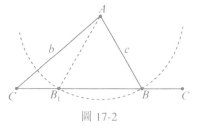

圖 17-2

在例 13.2 中，求出了由三角形三條邊計算其中線的公式，從而可以推知「全等三角形的對應中線相等」。現在，不經過具體計算，也能夠證明這個命題了。

【例 17.1】(全等三角形的對應中線相等) 已知：$\triangle ABC \cong \triangle XYZ$，$M$ 和 N 分別是 BC 和 YZ 的中點，求證：$AM = XN$ (圖 17-3)。

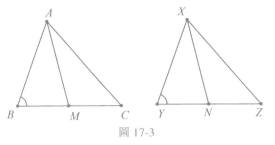

圖 17-3

證明 (1) $\triangle ABC \cong \triangle XYZ$ [已知]；

(2) $AB = XY$ [全等三角形性質，(1)]；

(3) $BC = YZ$ [全等三角形性質，(1)]；

(4) $\angle ABM = \angle XYN$〔全等三角形性質，（1）〕；

(5) $BM = BC/2$，$YN = YZ/2$〔已知〕；

(6) $BM = YN$〔（5），（3）〕；

(7) $\triangle ABM \cong \triangle XYN$〔邊角邊，（6）、（4）、（2）〕；

(8) $AM = XN$〔全等三角形性質，（7）〕。證畢。

用全等三角形或相似三角形來研究幾何圖形的性質，是古典歐氏幾何的典型方法。這種方法有時不像三角方法或面積方法簡捷，但常常不用計算而獲得結論，有時顯得優美巧妙。例 17.1 和下面兩個命題的證明，是按傳統幾何證明規範書寫的，特點是論理清晰，有條不紊。

【例 17.2】 已知：空間四邊形 $ABCD$ 中，$AB = CD$，$AD = BC$；M 和 N 分別是 AC 和 BD 中點。求證：$MN \perp AC$（圖 17-4）。

圖 17-4

證明 （1）$AB = CD$〔已知〕；

(2) $AD = CB$〔已知〕；

(3) $BD = DB$；

(4) $\triangle ABD \cong \triangle CDB$〔邊邊邊，（1）～（3）〕；

(5) N 是 BD 中點〔已知〕；

(6) $AN = CN$〔全等三角形的對應中線，（4）、（5）〕；

(7) M 是 AC 中點〔已知〕；

(8) $MN \perp AC$〔等腰三角形三線合一，（6）、（7）〕。

這個題目表面上是立體幾何問題，實際上只用平面幾何知識就解決了。

【例 17.3】 如圖 17-5，已知 $AB = BC = CD = DA = AF = FE = BE = DG = FG$；

求證：$\triangle DBF \cong \triangle EGC$。

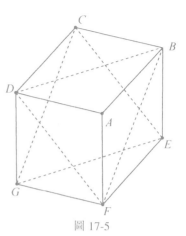

圖 17-5

證明 (1) $BA = FE$ [已知]；

(2) $FA = BE$ [已知]；

(3) $BF = FB$；

(4) $\triangle ABF \cong \triangle EFB$ [邊邊邊，(1)~(3)]；

(5) $\angle ABF = \angle EFB$ [全等三角形對應角，(4)]；

(6) $FE /\!/ AB$ [內錯角相等兩直線平行，(5)]；

(7) $AB /\!/ DC$ [與 (1)~(6) 同理]；

(8) $FE /\!/ DC$ [平行傳遞性，(6)、(7)]；

(9) $\angle FED = \angle CDE$ [兩直線平行內錯角相等，(8)]；

(10) $FE = CD$ [已知]；

(11) $ED = DE$；

(12) $\triangle FED \cong \triangle CDE$ [邊角邊，(9)~(11)]；

(13) $DF = CE$ [全等三角形對應邊，(12)]；

(14) $DB = GE$ [與 (1)~(13) 同理]；

(15) $BF = CG$ [與 (1)~(13) 同理]；

(16) $\triangle DBF \cong \triangle EGC$ [邊邊邊，(13)~(15)]。證畢。

從上面證明過程看到，使用全等三角形方法推理有時是比較繁瑣的。後面會看到，建立更多的工具後，此題可以有更簡單的解法。

習題 17.1　設在 $\triangle ABC$ 和 $\triangle XYZ$ 中有 $b = y$，$c = z$，且 $\angle C = \angle Z$ 為鈍角，兩個三角形是否一定全等？

習題 17.2　若 $\triangle ABC$ 和 $\triangle XYZ$ 的三條中線對應相等，兩個三角形是否一定全等？

習題 17.3　如圖 17-4，在空間四邊形 $ABCD$ 中，M 和 N 分別是 AC 和 BD 的中點。若已知 AB，BC，CD，DA 的長，試證明

$$MN \cdot AC \cdot \cos\angle CMN = \frac{1}{4}(AB^2 - BC^2 - CD^2 + DA^2)。$$

18. 三角形中的特殊線和點

到現在為止，我們已經有了不少解決問題的工具。一套是三角方法，即正弦定理和餘弦定理；一套是幾何方法，即全等三角形和相似三角形方法；還有代數方法，就是一次方程組和一元二次方程的方法；這些方法輔以平行線性質、三角形內角和定理以及共邊定理和共角定理等面積方法，能夠解決大量的問題。

三角形是平面上的基本圖形，很多更複雜的圖形可以分解成三角形來研究。三角形看來雖然簡單，但它的性質豐富多彩，涉及長度、角度和面積這三種幾何量，可說是「麻雀雖小，五臟俱全」。研究一個三角形的邊和角的基本關係，得到正弦定理和餘弦定理，研究兩個三角形邊角之間的關係，得到全等三角形和相似三角形的判定法則。對於一些重要的特殊三角形，主要是直角三角形和等腰三角形，還得到一些重要的結果，如勾股定理、等邊對等角、三線合一等。

在三角形中除了邊和角，還有一些重要的線段，其中最重要的是高、中線和分角線。

線段有長度，所以第一個要考慮的問題是，知道了三角形的三邊長，如何計算高、中線、分角線的長度。總結前面的工作加以完善，得到

命題 18.1　已知 ΔABC 的三邊 a，b 和 c，則 BC 邊上的高 h_a、中線 m_a 和分角線 f_a 的計算公式為（圖 18-1）

$$h_a = \frac{\sqrt{4b^2c^2 - (b^2 + c^2 - a^2)^2}}{2a} \,, \tag{18-1}$$

$$m_a = \frac{\sqrt{2(b^2 + c^2) - a^2}}{2} \,, \tag{18-2}$$

$$f_a = \frac{\sqrt{bc((b + c)^2 - a^2)}}{b + c} \,. \tag{18-3}$$

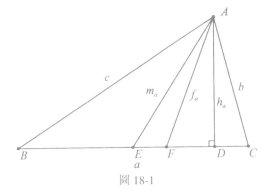

圖 18-1

證明　根據三角形面積等於底乘高的一半，結合三斜求積公式（13-14），可得（18-1）式。前面已經證明的公式（13-16），就是（18-2）式。

為了推出（18-3）式，可應用分角線公式（12-11）

$$AF = \frac{2bc\cos\alpha}{b + c} \,. \tag{18-4}$$

注意到這裏 $2\alpha = \angle A$，再從餘弦倍角公式 $\cos2\alpha = 2\cos^2\alpha - 1$（見 12.7 式）中解出 $\cos\alpha$ 後應用餘弦定理得

$$\cos\alpha = \sqrt{\frac{1 + \cos2\alpha}{2}} = \sqrt{\frac{1 + \cos A}{2}} = \sqrt{\frac{1}{2}\left(1 + \frac{b^2 + c^2 - a^2}{2bc}\right)}$$

$$= \sqrt{\frac{(b + c)^2 - a^2}{4bc}} , \tag{18-5}$$

最後將（18-5）式代入（18-4）式，即得要證明的（18-3）式。證畢。

也可以先用分角線性質（1-10）求出 CF，再在 $\triangle ACF$ 中用餘弦定理求出 AF。

根據命題 18.1，立刻推出

命題 18.2　相似三角形對應高之比、對應中線之比和對應分角線之比，都等於其相似比。作為特款可得：全等三角形的對應高相等，對應中線相等，對應分角線相等。

前面已經分別推出全等三角形的對應高相等（推論 7.2），全等三角形的對應分角線相等（推論 7.3），以及全等三角形的對應中線相等（例 17.1）。現在從更高一層的觀點統一處理，就更易於把握了。

觀察圖 18-1，看到分角線的位置在高和中線之間。在三者之間，高最小，而中線最大，這是不是普遍的規律呢？一旦發現了這個現象，論證起來並不難。

命題 18.3　若 $\triangle ABC$ 中 $AB > AC$，BC 邊上的高、中線和分角線分別為 AD，AE 和 AF，則分角線 AF 的位置在高 AD 和中線 AE 之間，中線 AE 在 AF 和 AB 之間，且 $AE > AF > AD$（圖 18-1）。

證明　（i）先證中線 AE 在 AF 和 AB 之間。

從 $\angle BAF = \angle FAC$ 和面積公式得到

$$\frac{BF}{FC} = \frac{\triangle BAF}{\triangle FAC} = \frac{AB \cdot AF}{AC \cdot AF} = \frac{AB}{AC} \, 。 \tag{18-6}$$

再由條件 $AB > AC$ 推出

$$BF > FC \, , \tag{18-7}$$

這表明 BC 中點在 F 和 B 之間，即中線 AE 在 AF 和 AB 之間。

（ii）再證分角線 AF 的位置在高 AD 和中線 AE 之間。

如果 $\angle ACB > 90°$，則 D 在 EFC 的延長線上，結論顯然。剩下只要考慮 $\angle ACB$ 為銳角的情形，如圖 18-1。由條件 $AB > AC$ 推出 $\angle C > \angle B$，所以

$$\angle CAD = 90° - \angle C < 90° - \angle B = \angle BAD \, , \tag{18-8}$$

因此

$$\angle CAD < \frac{\angle CAB}{2} = \angle CAF \, ,$$

可見分角線 AF 的位置在高 AD 和中線 AE 之間。

（iii）由（ii）知 $DE > DF$，用勾股定理得

$$AE = \sqrt{AD^2 + DE^2} > \sqrt{AD^2 + DF^2} = AF > AD \, 。$$

即所欲證。

在比較了同一條邊上的高、中線和分角線後，下面再來考慮不同邊上的高、中線和分角線。

根據三角形面積等於底乘高之半，可知較大邊上的高較小；前面提到，大角的分角線較短（習題 12.1），也就是說較大邊上的分角線較小；至於中線，根據公式（18-2）可以看出，較大邊上的中線較小。這就總結出

命題 18.4　在任意三角形中，較大邊上的高、中線和分角線都較小。

在研究了這些特殊線段的長短後，我們把目光轉向它們的交點。

如圖 18-2，ΔABC 的兩高 AD 和 BE 交於 P。在例 12.2 中，求出了比值 $AP\,/$ AD，從而在習題 12.2 中推出三角形的三高交於一點。下面我們用不同的方法計算比值 $AP\,/\,AD$，給出三高交於一點的證明。

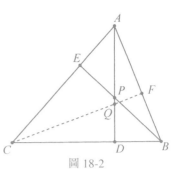

圖 18-2

命題 18.5　設 ΔABC 的兩高 AD 和 BE 交於 P，則

$$\frac{AP}{PD} = \frac{\cos A}{\cos B \cdot \cos C} \text{。}$$

(18-9)

證明　應用共邊定理得

$$\frac{AP}{PD} = \frac{\Delta ABE}{\Delta DBE} = \frac{AE \cdot BE}{BD \cdot BE \cdot \sin\angle EBC}$$

$$= \frac{AB \cdot \cos A}{AB \cdot \cos B \cdot \cos C} = \frac{\cos A}{\cos B \cdot \cos C}\text{,}$$

證畢。

於是立刻得到

命題 18.6　三角形的三高交於一點。

證明　如圖 18-2，設 AB 上的高 CF 和 AD 交於點 Q，只要證明 Q 和 P 是同一個點，即證明

$$\frac{AQ}{QD} = \frac{AP}{PD} \text{。}$$

用命題 18.5 計算這兩個比值得到

$$\frac{AQ}{QD} = \frac{\cos A}{\cos B \cdot \cos C} = \frac{AP}{PD} \text{。}$$

(18-10)

這就證明了所要的結論。

此結論也可以利用 (13-12) 式，如圖 18-3，通過計算四邊形 *ACBP* 各邊平方的和差來驗證其對角線是否相互垂直。

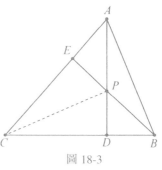

圖 18-3

用命題 18.5 和 18.6 同樣的模式，可以證明三中線交於一點，以及三條分角線交於一點。

命題 18.7　設 $\triangle ABC$ 的兩條中線 *AD* 和 *BE* 交於 *P*，則

$$\frac{AP}{PD} = 2 \ 。$$
(18-11)

證明　如圖 18-4，應用共邊定理得

$$\frac{AP}{PD} = \frac{\triangle ABE}{\triangle DBE} = \frac{\triangle CBE}{\triangle DBE} = \frac{BC}{BD} = 2 \ ,$$

證畢。

於是立刻得到

命題 18.8　三角形的三中線交於一點。

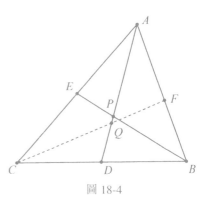

圖 18-4

證明　如圖 18-4，設 *AB* 上的中線 *CF* 和 *AD* 交於點 *Q*，只要證明 *Q* 和 *P* 是同一個點，即證明

$$\frac{AQ}{QD} = \frac{AP}{PD} \ 。$$

用命題 18.7 計算這兩個比值得到

$$\frac{AQ}{QD} = 2 = \frac{AP}{PD} \ ,$$
(18-12)

這就證明了所要的結論。

命題 18.9　設 $\triangle ABC$ 的兩條分角線 AD 和 BE 交於 P，則

$$\frac{AP}{PD} = \frac{AB + AC}{BC} \text{。}\qquad(18\text{-}13)$$

證明　如圖 18-5，應用共邊定理和分角線性質（習題 1.4）得

$$\frac{AP}{PD} = \frac{\triangle ABE}{\triangle DBE} = \frac{\triangle ABE}{\triangle BCE} \cdot \frac{\triangle BCE}{\triangle DBE} = \frac{AE}{CE} \cdot \frac{(BD + CD)}{BD}$$

$$= \frac{AB}{BC} \cdot \frac{(AB + AC)}{AB} = \frac{AB + AC}{BC} \text{，}$$

證畢。

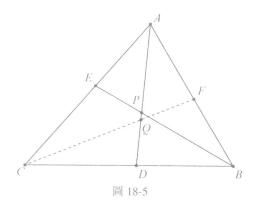

圖 18-5

於是立刻得到

命題 18.10　三角形的三條分角線交於一點。

證明　[方法 1] 如圖 18-5，設 $\angle C$ 的分角線 CF 和 AD 交於點 Q，只要證明 Q 和 P 是同一個點，即證明

$$\frac{AQ}{QD} = \frac{AP}{PD} \text{。}$$

用命題 18.9 計算這兩個比值得到

$$\frac{AQ}{QD} = \frac{AB + AC}{BC} = \frac{AP}{PD} , \tag{18-14}$$

這就證明了所要的結論。

[方法 2] 利用例 5.4 中的結論,分角線上的點到角的兩邊距離相等,則 $\angle A$ 和 $\angle B$ 兩個角的分角線的交點 P 到三角形三邊距離相等,從而到 $\angle C$ 兩邊距離相等。再利用例 5.4 中的結論,角內到角的兩邊距離相等的點在分角線上,所以 P 也在 $\angle C$ 的分角線上。即三角形三條分角線交於一點,進一步還知道此點到三角形三邊的距離相等。

三角形的三高的交點叫做該三角形的垂心;三中線的交點叫做該三角形的重心;三條分角線的交點叫做三角形的內心。垂心、重心和內心都叫做三角形的巧合點。

顯然,重心和內心都在三角形的內部;垂心可能在三角形的外部;而直角三角形的垂心就是直角的頂點。

一般說來,若三條直線交於一點,則稱此三線共點。

從三高共點、三中線共點和三條分角線共點的事實,容易提出這樣的問題:分別從三角形頂點到對邊上某點作直線,甚麼條件下所作的三線共點呢?下面的命題對此給出一般的回答。

命題 18.11(塞瓦定理) 在 $\triangle ABC$ 的三邊 BC,CA 和 AB 上分別取點 D,E 和 F,則 AD,BE 和 CF 三直線共點的充分必要條件是

$$\frac{AF}{FB} \cdot \frac{BD}{DC} \cdot \frac{CE}{EA} = 1 。 \tag{18-15}$$

證明 必要性:若三直線共點,如圖 18-6。根據共邊定理得到

$$\frac{AF}{FB} \cdot \frac{BD}{DC} \cdot \frac{CE}{EA} = \frac{\triangle PAC}{\triangle PCB} \cdot \frac{\triangle PBA}{\triangle PAC} \cdot \frac{\triangle PCB}{\triangle PBA} = 1 ,$$

必要性證畢。

充分性：若等式 (18-15) 成立，如圖 18-7，設 AD 和 BE 交於 P，AD 和 CF 交於 Q，要證明的是 P 和 Q 重合，也就是

$$\frac{AP}{PD} = \frac{AQ}{QD} \; ,$$

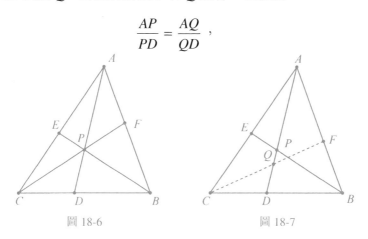

圖 18-6   圖 18-7

即

$$\frac{PD}{AP} \cdot \frac{AQ}{QD} = 1 \; 。$$

根據共邊定理得到

$$\frac{PD}{AP} \cdot \frac{AQ}{QD} = \frac{\Delta BDE}{\Delta BAE} \cdot \frac{\Delta ACF}{\Delta CDF} = \frac{\Delta BDE}{\Delta BCE} \cdot \frac{\Delta BCE}{\Delta BAE} \cdot \frac{\Delta ACF}{\Delta CBF} \cdot \frac{\Delta CBF}{\Delta CDF}$$

$$= \frac{BD}{BC} \cdot \frac{CE}{EA} \cdot \frac{AF}{FB} \cdot \frac{BC}{DC} = 1 \; ,$$

充分性得證。

習題 18.1　利用中線公式 (18-2)，推出「直角三角形斜邊上的中線等於斜邊的一半」。

習題 18.2　設 ΔABC 的中線 AD 和分角線 BE 交於點 P，試把比值 AP / PD 和 BP / BE 用三角形的邊和角表示出來。

習題 18.3　三中線對應相等的兩個三角形是否全等？證明你的結論。

習題 18.4　三高對應相等的兩個三角形是否全等？證明你的結論。

習題 18.5　用塞瓦定理驗證三角形的三高共點、三中線共點和三條分角線共點。

第三站小結

這一站，是大豐收。

大量的新知識湧現出來，使我們的眼界更開闊，使我們的認識更完善了。

通向豐收的重要樞紐，是餘弦和餘弦定理。

餘弦是甚麼？它不過是「餘角的正弦」的簡單稱呼。引進一個簡單的稱呼，居然帶來這麼多的好處，實在出乎意料。

在數學裏，概念和符號的引進，作用實在非同一般。

餘弦的性質，最重要的是單調性和取值範圍：當 $\angle A$ 從 0 增長到 π 時（即從 0° 增大到 180° 時），$\cos A$ 從 1 減小到 -1。這樣，在 0° 到 180° 範圍，角越大餘弦就越小，角不相等其餘弦也不相等，餘弦相等則角也相等。特別地，$\angle A$ 為直角的充分必要條件是 $\cos A = 0$。知道了 $\angle A$ 的正弦不能確定 $\angle A$ 的大小，因為互補角的正弦相等；而知道了 $\angle A$ 的餘弦就確定 $\angle A$ 的大小，因為互補角的餘弦互為相反數；這是餘弦的最大的好處。

餘弦定理的推導，用到了三元一次方程組。餘弦定理的應用，涉及一元二次方程。三角、代數和幾何，緊密地聯繫起來了。

餘弦定理有多種證明方法，值得玩味。

餘弦定理和正弦定理相互配合，完全解決了解任意三角形的問題；完全解決了相似三角形的判定問題；完全解決了全等三角形的判定問題。

現在，我們已經有了三套處理幾何問題的基本工具。一套是面積方法的工具，就是共高定理、共角定理和共邊定理；一套是三角方法的工具，就是正弦定理、餘弦定理和正弦和角公式；還有一套是幾何方法的工具，就是全等三角形和相似三角形；這三套工具，再輔以平行線性質、三角形內角和定理、三角形邊角關係以及勾股定理，用來解決有關直線構成的圖形的常見問題，大體上是夠用了。

三角形的高、中線和分角線，常常在幾何問題中出現，是三種重要的線段。有關它們的性質前面零零星星多次提到。本站在最後一節做了系統的總結，給出了它們長度的計算方法，比較了它們的位置和大小，確定了它們交點的位置，證明了它們的「三線共點」性質，並且給出了一般情形下三線共點的充分必要條件，其中多次使用共邊定理推導線段比值的方法，值得體會揣摩。

下面，我們乘勝前進，用這些工具來研究四邊形。

第四站
四邊形

19. 簡單多邊形和凸多邊形

下面的文字要仔細讀，不僅是理解其含義，更重要的是從中學習如何一步一步地把事情交代清楚。

有限個點按給定順序用線段連接起來，構成一條折線。把一條折線的首尾兩點也用線段連接，就成了一個多邊形。這些線段叫做多邊形的邊，邊的端點叫做多邊形的頂點。同一條邊的兩個端點，叫做相鄰的頂點。具有一個公共端點的兩條邊，叫做相鄰的邊。連接多邊形的兩個不相鄰的頂點的線段，叫做多邊形的對角線。多邊形各邊長度的和，叫做多邊形的周長。多邊形所有邊上的點，組成多邊形的邊界。

通常用大寫英文字母表示多邊形的頂點。把表示頂點的字母順次連續排列在一起，就是多邊形的名字。在多邊形名字中相鄰的字母表示相鄰的頂點，第一個字母和末尾的字母也表示相鄰的頂點。名字的開頭可以是任意一個頂點的字母。例如，圖 19-1 中用實線表示的多邊形可記作 *ABCDE*，或 *AEDCB*，或 *DCBAE*，*DEABC* 等都可以，但不能寫成 *ACEBD*。如果寫成 *ACEBD*，就是圖中虛線所表示的五角星樣子的多邊形了。

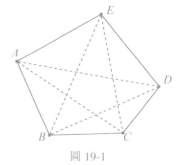

圖 19-1

一個多邊形至少有三條邊。有 *n* 條邊的多邊形叫做 *n* 邊形，如四邊形、五邊形、六邊形等。但有三條邊的通常不叫做三邊形，而叫做三角形。

多邊形的邊可能互相交叉，也可能有部分重合，甚至可能有兩條或更多的邊有公共的頂點，如圖 19-2 所示。

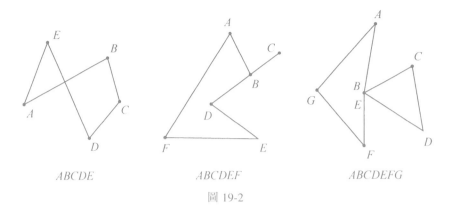

ABCDE　　　　　*ABCDEF*　　　　　*ABCDEFG*

圖 19-2

　　研究問題要從比較簡單的情形入手。我們先不必考慮圖 19-2 那些奇形怪狀的多邊形，只討論平面上的簡單的多邊形。甚麼樣的多邊形算是簡單的多邊形呢？我們給出

　　定義 19.1　　如果一個多邊形的每條邊只和兩條邊有公共點，而且這公共點一定是端點，就稱這樣的多邊形為簡單多邊形。

　　圖 19-3 畫出了四個簡單多邊形。

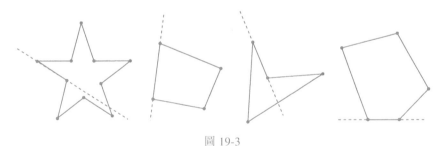

圖 19-3

　　一個簡單多邊形，把平面上的點分成了三個部分：多邊形外部的點，多邊形內部的點以及多邊形邊界上的點。內部部分的大小，可以用這個多邊形的面積來表示。簡單 n 邊形總可以分割成 $n-2$ 個三角形，這些三角形的面積之和等於此多邊形的面積。

　　在簡單多邊形中更簡單的，是凸多邊形，其定義如下：

定義 19.2　如果一個多邊形的每條邊所在的直線都不穿過該多邊形的內部，也就是説多邊形的其他邊都在這條直線的同側，則稱此多邊形為凸多邊形，否則，叫做凹多邊形。

通常教科書上説到的多邊形，如無特別説明，都是凸多邊形。本書以後提到的多邊形，如無特別説明，也指凸多邊形。

在圖 19-3 中，有兩個凸多邊形，兩個凹多邊形。

多邊形相鄰兩邊組成的角，叫做多邊形的內角，簡稱為多邊形的角。具有公共邊的兩個角叫做鄰角。多邊形內角的鄰補角，叫做多邊形的外角。多邊形的一個內角有兩個外角，它們是對頂角，大小相等。一個多邊形的邊數、頂點數和內角數都相等。

如圖 19-4，將 n 邊形的一個頂點和其餘的 $n-1$ 個頂點連接，得到 $n-1$ 條線段。這 $n-1$ 條線段中，有兩條是多邊形的邊，其餘 $n-3$ 條是對角線。對 n 個頂點都這樣計算後相加，得數是 $n(n-3)$，再考慮到其中每條對角線都被計算了兩次，就得到

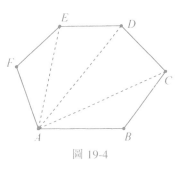

圖 19-4

命題 19.1　邊數為 n 的多邊形，其對角線數為

$$\frac{1}{2}n(n-3) \text{。}$$

畫幾個多邊形，作出它們的對角線數一數，可以驗證命題 19.1 中的計算公式。四邊形只有 2 條對角線；五邊形 5 條；六邊形 9 條；七邊形 14 條；八邊形 20 條。這些情形都能夠在圖上用手指數出來，和用公式計算結果一致，看不出公式有多大好處。可是邊比較多時，就看

不清楚了。如圖 19-5，畫出了一個二十五邊形和它的所有對角線，你能夠數出來有多少條對角線嗎？使用公式，輕鬆得出結論：二十五邊形有 $11 \times 25 = 275$ 條對角線。這就是數學演繹推理的好處，是理性思維的力量。

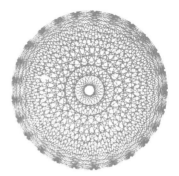

圖 19-5

從圖 19-4 看出，以同一個頂點為端點的 $n-3$ 條對角線，把 n 邊形分成 $n-2$ 個三角形。這 $n-2$ 個三角形的內角和加起來，就是 n 邊形的 n 個內角之和。於是有

命題 19.2（多邊形內角和定理） 邊數為 n 的多邊形，其內角和等於 $n-2$ 個平角。特別地，四邊形的內角和等於 $360°$。

由於每個頂點處的內角與外角之和為 $180°$，故 n 邊形的 n 個內角與 n 個外角之和等於 n 個平角。從這 n 個平角中減去內角和 $n-2$ 個平角，得到 n 個外角之和為 2 個平角，即

命題 19.3（多邊形外角和定理） 任意多邊形外角和等於 $360°$。

外角和定理比內角和定理更簡明，它有鮮明的直觀意義。設想一輛汽車在多邊形的邊界上兜圈子，如圖 19-6，每經過一個頂點，前進的方向就要改變一次，而改變的角度恰好是這個頂點處的外角，繞了一圈，回到原處，方向與出發時一致了，角度改變量之和當然是一個周角，即 $360°$，或 2π。

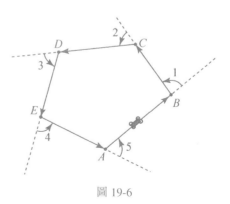

圖 19-6

【例 19.1】 一個多邊形的內角和比外角和大 540°，問此多邊形有多少個頂點？

解 設此多邊形頂點個數為 n，根據多邊形內角和定理和外角和定理，由題設條件得

$$(n-2) \cdot 180° - 360° = 540°, \tag{19-1}$$

解得 $n = 7$，即這個多邊形有 7 個頂點。

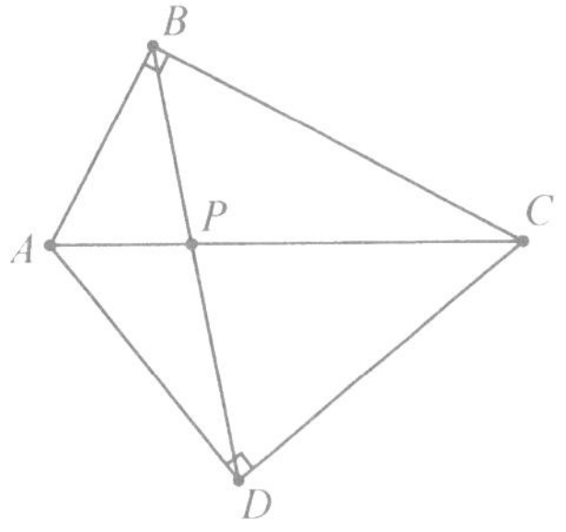

【例 19.2】 已 知 四 邊 形 $ABCD$ 中，$\angle ABC = \angle ADC = 90°$；對角線 AC 和 BD 交於 P（圖 19-7）。

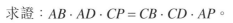

求證：$AB \cdot AD \cdot CP = CB \cdot CD \cdot AP$。

證明 由多邊形內角和定理得

$$\angle BAD + \angle BCD + \angle ABC + \angle ADC$$

$$= 2 \times 180° = 360°。 \tag{19-2}$$

圖 19-7

根據題設條件

$$\angle BAD + \angle BCD = 360° - 90° - 90° = 180°。 \tag{19-3}$$

應用共邊定理和共角定理得到

$$\frac{AP}{CP} = \frac{\Delta BAD}{\Delta BCD} = \frac{AB \cdot AD}{CB \cdot CD},$$

所以

$$AB \cdot AD \cdot CP = CB \cdot CD \cdot AP,$$

證畢。

習題 19.1 一個多邊形的內角和等於外角和的 2 倍，它有幾條對角線？

習題 19.2 一個多邊形的內角和是外角和的 3 倍，它的內角和是多少？

習題 19.3　一個多邊形的對角線數目是邊數的 7 倍，它有多少條邊？

習題 19.4　用一批大小形狀都一樣的四邊形木板，可以拼合成大面積的地板嗎？剪一些紙片試試看，或用數學繪圖軟件作動態圖形觀察探索。想想這用到了四邊形的甚麼性質？

20. 平行四邊形的性質和判定

兩組對邊分別相互平行的四邊形，叫做平行四邊形，這是最重要的一類四邊形。

平行四邊形 $ABCD$ 可以簡記為 $\square ABCD$，讀作「平行四邊形 $ABCD$」。

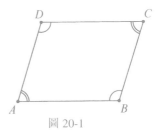
圖 20-1

觀察圖 20-1。在平行四邊形 $ABCD$ 中，由 $AB \parallel DC$ 得知 $\angle A$ 與 $\angle D$ 互補，$\angle B$ 與 $\angle C$ 互補；由 $AD \parallel BC$ 得知 $\angle A$ 與 $\angle B$ 互補，$\angle C$ 與 $\angle D$ 互補；又因為 $\angle B$ 和 $\angle D$ 都與 $\angle A$ 互補，所以 $\angle B = \angle D$；同理有 $\angle A = \angle C$。

於是得到

命題 20.1（平行四邊形性質定理 1）　平行四邊形的相鄰兩角互補，對角相等。

從角之間的關係得到邊之間的關係，就是

命題 20.2（平行四邊形性質定理 2）　平行四邊形的對邊相等。

已知四邊形 $ABCD$ 是平行四邊形，求證 $AB = CD$，$AD = BC$。

121

證明　[方法 1] 連接 *BD*，如圖 20-2，則有

(1) *ABCD* 是平行四邊形 [已知]；

(2) ∠*A* = ∠*C* [平行四邊形對角相等，(1)]；

(3) ∠*ABD* = ∠*CDB* [平行線的內錯角相等，(1)]；

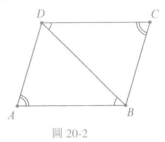

圖 20-2

(4) *BD* = *DB*；

(5) Δ*ABD* ≅ Δ*CDB* [兩角一邊，(2) ~ (4)]；

(6) *AB* = *CD*，*AD* = *BC* [全等三角形對應邊，(5)]。證畢。

[方法 2] 連接 *BD*，如圖 20-2，則有

(1) *ABCD* 是平行四邊形 [已知]；

(2) ∠*A* = ∠*C* [平行四邊形對角相等，(1)]；

(3) ∠*ABD* = ∠*CDB* [平行線的內錯角相等，(1)]；

(4) Δ*ABD* ~ Δ*CDB* [相似三角形角角判定法，(2)、(3)]；

(5) $\dfrac{AB}{CD} = \dfrac{AD}{BC} = \dfrac{BD}{DB} = 1$ [相似三角形對應邊，(4)]。證畢。

[方法 3] 連接 *BD*，如圖 20-2，則有

(1) *ABCD* 是平行四邊形 [已知]；

(2) ∠*A* = ∠*C* [平行四邊形對角相等，(1)]；

(3) ∠*ABD* = ∠*CDB* [平行線的內錯角相等，(1)]；

(4) ∠*ADB* = ∠*CBD* [三角形內角和定理，(2)、(3)]；

(5) $\dfrac{\sin\angle ABD}{AD} = \dfrac{\sin\angle BDA}{AB} = \dfrac{\sin\angle BAD}{BD}$ [正弦定理]；

(6) $\dfrac{\sin\angle CDB}{BC} = \dfrac{\sin\angle CBD}{CD} = \dfrac{\sin\angle DCB}{DB}$ [正弦定理]；

(7) $\dfrac{AD}{BC} = \dfrac{AB}{CD} = \dfrac{BD}{DB} = 1$ [（5）與（6）相比，用（2）、（3）、（4）化簡]。證畢。

[方法 4] 連接 BD，如圖 20-2，則有

（1）$ABCD$ 是平行四邊形 [已知]；

（2）$\angle A = \angle C$ [平行四邊形對角相等，（1）]；

（3）$\angle ABD = \angle CDB$ [平行線的內錯角相等，（1）]；

（4）$\dfrac{AB \cdot AD}{BC \cdot CD} = \dfrac{\triangle ABD}{\triangle CDB} = \dfrac{AB \cdot BD}{DC \cdot BD}$ [共角定理，（2）、（3）]；

（5）$AD = BC$ [化簡（4）]；

（6）$AB = CD$ [與（1）~（5）同理]。證畢。

[方法 5]

（1）$ABCD$ 是平行四邊形 [已知]；

（2）$\triangle BAC = \triangle BCD = \triangle DCA$ [平行線面積性質，（1）]；

（3）$\angle BAC = \angle DCA$ [平行線的內錯角相等，（1）]；

（4）$\dfrac{AB \cdot AC}{CD \cdot AC} = \dfrac{\triangle BAC}{\triangle DCA} = 1$ [共角定理，（3）；用（2）化簡]；

（5）$AB = CD$，同理得 $BC = AD$ [化簡（4）]。證畢。

對這樣一個簡單的結論，我們詳細寫出了多種證明方法，是為了說明不同方法的相通之處。這些證法表明，全等三角形的角角邊判定法、相似三角形的角角判定法、正弦定理以及共角定理，這幾種方法本質上是一致的。從證明的複雜程度看，幾種方法差不多。但是，用共角定理和面積性質時，需要的預備知識最少，只用本書的第一節就夠了，特別是最後的這個證明方法，不但預備知識用得少，也很簡捷，值得提倡發揚。

在圖 20-2 上添加一條對角線，就是圖 20-3。直觀看來，兩條對角線的交點也就是兩條對角線的中點，這確實不錯。容易證明

命題 20.3（平行四邊形性質定理 3） 平行四邊形的兩條對角線相互平分。

已知 *ABCD* 是平行四邊形，*P* 是其對角線 *AC* 和 *BD* 的交點（如圖 20-3）。

求證：$AP = PC$，$BP = PD$。

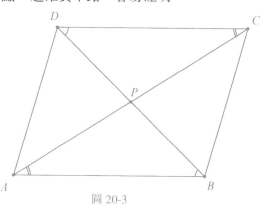

圖 20-3

證明 ［方法 1］（1）*ABCD* 是平行四邊形［已知］；

（2）$\angle PDC = \angle PBA$［內錯角，（1）］）；

（3）$\angle PCD = \angle PAB$［內錯角，（1）］；

（4）$AB = CD$［平行四邊形對邊相等，（1）］；

（5）$\triangle PCD \cong \triangle PAB$［角邊角，(2)~(4)］；

（6）$AP = PC$，$BP = PD$［全等三角形的對應邊，（5）］，證畢。

［方法 2］

（1）*ABCD* 是平行四邊形［已知］；

（2）$\triangle BAC = \triangle BCD = \triangle DCA$［平行線面積性質（命題 1.9），（1）］；

（3）$\dfrac{BP}{PD} = \dfrac{\triangle BAC}{\triangle DCA} = 1$［共邊定理，用（2）化簡］；

（4）$BP = PD$［由（3）］，同理 $AP = PC$。證畢。

兩種證明方法相比，使用共邊定理要簡捷一些，需要的知識也少，而且還更為嚴謹。因為前一種證明中用到兩個角是內錯角，這是看圖

看出來的，不是推理推出來的。認真講究起來，為何是內錯角也是可以推證的，不過有點繁瑣，大家就默認了。

上面三個命題一言以蔽之，就是平行四邊形鄰角互補、對角相等、對邊相等、對角線相互平分。

把這些命題的條件和結論對調，就得到平行四邊形的判定定理。

命題 20.4（平行四邊形判定定理 1） 有一個角和它的兩鄰角都互補的四邊形是平行四邊形。

已知在四邊形 *ABCD* 中，∠*A* 與 ∠*B* 互補，∠*A* 與 ∠*D* 互補（參看圖 20-1）。

求證：四邊形 *ABCD* 是平行四邊形。

證明 （1）∠*DAB* 與 ∠*ABC* 互補［已知］；

（2）*AD // BC*［同旁內角互補則兩直線平行，（1）］；

（3）∠*DAB* 與 ∠*CDA* 互補［已知］；

（4）*AB // CD*［同旁內角互補則兩直線平行，（3）］；

（5）四邊形 *ABCD* 是平行四邊形［定義，（2）、（4）］。證畢。

上面幾個命題的表述和證明，是規規矩矩寫出來的，這樣寫眉目清楚，推理步驟嚴密，是幾何證明的經典形式。通常為了簡捷省事，就不這樣一板一眼地寫了。前面不少命題的推證，用的是簡便表述的方式，只要把道理說明白就行了。

命題 20.5（平行四邊形判定定理 2） 兩組對角分別相等的四邊形是平行四邊形。

證明 如圖 20-1，若四邊形 *ABCD* 中有 ∠*A* = ∠*C*，並且 ∠*B* = ∠*D*，由多邊形內角和定理得

$$\angle A + \angle B + \angle C + \angle D = 2\pi，\tag{20-1}$$

便得

$$\angle A + \angle B = \angle B + \angle C = \pi \text{,} \tag{20-2}$$

即 $\angle B$ 與兩鄰角互補;由平行四邊形判定定理 1,$ABCD$ 是平行四邊形。證畢。

命題 20.6(平行四邊形判定定理 3) 兩組對邊分別相等的四邊形是平行四邊形。

證明 如圖 20-2,連接 BD;在 $\triangle ABD$ 和 $\triangle CDB$ 中,由條件 $AB = CD$,$BC = AD$ 和公共邊 BD,根據全等三角形的邊邊邊判定法可得 $\triangle ABD \cong \triangle CDB$,從而 $\angle A = \angle C$;同理有 $\angle ABC = \angle CDA$。由平行四邊形判定定理 2,$ABCD$ 是平行四邊形。證畢。

命題 20.7(平行四邊形判定定理 4) 對角線相互平分的四邊形是平行四邊形。

證明 如圖 20-3,在 $\triangle ABP$ 和 $\triangle CDP$ 中,由條件 $AP = CP$,$BP = DP$ 和對頂角 $\angle APB = \angle CPD$,根據全等三角形的邊角邊判定法可得 $\triangle ABP \cong \triangle CDP$,從而 $AB = CD$;同理有 $BC = AD$。由平行四邊形判定定理 3,$ABCD$ 是平行四邊形。證畢。

命題 20.8(平行四邊形判定定理 5) 有一組對邊平行且相等的四邊形是平行四邊形。

證明 如圖 20-2,設 $AB = CD$ 且 $AB \mathbin{/\!/} CD$,則在 $\triangle ABD$ 和 $\triangle CDB$ 中,由條件 $AB = CD$、內錯角 $\angle ABD = \angle CDB$ 和公共邊 $BD = DB$,根據全等三角形的邊角邊判定法可得 $\triangle ABD \cong \triangle CDB$,從而 $AD = CB$;由平行四邊形判定定理 3,$ABCD$ 是平行四邊形。證畢。

命題 20.9(平行四邊形判定定理 6) 兩條對角線都平分其面積的四邊形是平行四邊形。

這個命題可以從平行線的面積判定法（命題 1.9）直接推出。證明從略。

我們把某種圖形獨有的性質叫做這種圖形的特徵性質。既然是獨有的性質，也就可以作為識別這種圖形的判定條件。也就是說，特徵性質既是性質又是判定條件。把上面的平行四邊形的性質定理和判定定理綜合起來，可以整理出平行四邊形的特徵性質：

命題 20.10　下列每一條都是平行四邊形的特徵性質：

（1）兩組對邊分別平行；

（2）兩組對邊分別相等；

（3）一組對邊平行且相等；

（4）有一角和兩鄰角都互補；

（5）兩組對角分別相等；

（6）兩條對角線互相平分；

（7）兩條對角線都平分其面積。

任一個四邊形，只要滿足上述七條中的某一條，就一定是平行四邊形，而且也就滿足其餘的六條。這樣，就可以簡明而全面地掌握平行四邊形的有關定理。

【例 20.1】　在 $\square\,ABCD$ 兩邊 AB 和 BC 上分別向外作等邊三角形 ABE 和 BCF（圖 20-4）。

求證：ΔDEF 是正三角形。

證明　在 ΔADE，ΔBFE 和 ΔCFD 中，

（1）$AD = BF = CF$［平行四邊形對邊相等，ΔBCF 是等邊三角形］；

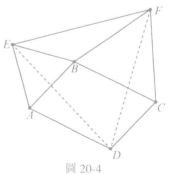

圖 20-4

（2）$\angle DAE = \angle FBE = \angle FCD$

$[\angle DAE = \angle DAB + 60° = \angle DCB + 60° = \angle FCD$

$\angle FBE = 360° - 120° - \angle ABC = 240° - (180° - \angle DAB) = 60° + \angle DAB]$；

（3）$AE = BE = CD$［平行四邊形對邊相等，$\triangle ABE$ 是等邊三角形］；

（4）$\triangle ADE \cong \triangle BFE \cong \triangle CFD$［邊角邊，（1）～（3）］；

（5）$DE = EF = FD$［全等三角形的對應邊，（4）］。證畢。

【例 20.2】 已知 $ABCD$ 是平行四邊形，M 是其對角線 AC 和 BD 的交點。過 M 的一條直線分別與 AD 和 BC 交於 P 和 Q（如圖 20-5）。

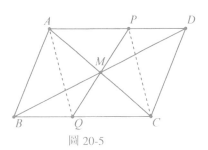

圖 20-5

求證：AQ 和 PC 平行且相等。

證明 根據共邊定理、平行線面積性質和平行四邊形對角線相互平分得

（1）

$$\frac{PM}{QM} = \frac{\triangle PAC}{\triangle QAC} \ [\text{共邊定理}]$$

$$= \frac{\triangle PAC}{\triangle PCQ} \ [\text{平行線面積性質}]$$

$$= \frac{AM}{CM} \ [\text{共邊定理}]$$

$$= 1 \ [\text{平行四邊形對角線相互平分}]，$$

即 $PM = QM$，$AM = CM$；

（2）$AQCP$ 是平行四邊形［對角線相互平分的四邊形是平行四邊形，（1）］；

（3）*AQ* 和 *PC* 平行且相等[平行四邊形對邊平行且相等，（2）]。
證畢。

習題 20.1　如圖 20-6，□*ABCD* 的兩條對角線交於 *O*，點 *M* 和 *N* 分別是 *OA* 和 *OC* 的中點。求證：∠*BMD* = ∠*BND*。

習題 20.2　如圖 20-7，自 □*ABCD* 的兩頂點 *A* 和 *C* 分別向 *BC* 和 *AD* 作垂足 *E* 和 *F*，並作出所有點和點之間的線段。請找出圖中每一對全等三角形。

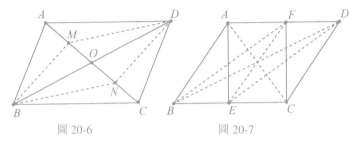

圖 20-6　　　　　　　圖 20-7

習題 20.3　設 *A*，*B*，*C*，*D* 是平面上任意四點，線段 *AB*，*BC*，*CD*，*DA* 的中點順次為 *F*，*G*，*H*，*E*；直線 *EG* 和 *FH* 相交於 *M*。求證：*M* 是 *EG* 和 *FH* 的中點（圖 20-8）。

習題 20.4　如圖 20-9，已知 Δ*ABC*，Δ*ECD*，Δ*FBD* 兩兩相似。求證：*ACEF* 是平行四邊形。

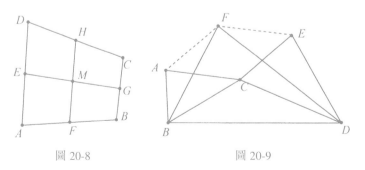

圖 20-8　　　　　　　圖 20-9

21. 特殊的平行四邊形

我們熟悉的矩形、菱形和正方形，都是特殊的平行四邊形。

矩形即長方形。長方形的四個角都是直角，兩組對角當然相等，所以必然是平行四邊形。想要平行四邊形四個角都是直角，只要有一個角是直角就夠了。

所以，也可以說有一個角是直角的平行四邊形是矩形。

矩形除了具有平行四邊形的性質外，還有自己的特殊性質。這些特殊性質可以歸結為

命題 21.1（矩形的特徵性質定理） 矩形有下列特徵性質：

（1）是具有一個直角的平行四邊形；

（2）四個角都是直角（當然有三個是直角也夠了）

（3）是兩條對角線相等的平行四邊形；

（4）兩條對角線相等且互相平分。

上述性質中，需要證明的只是

「矩形的對角線相等；反之，對角線相等的平行四邊形是矩形」。

如圖 21-1，若 $ABCD$ 為矩形，則由 $AB = CD$，$\angle ABC = \angle DCB$ 以及公共邊 BC 得知 $\triangle ABC$ 和 $\triangle DCB$ 全等（邊角邊），從而 $AC = BD$。這證明了矩形對角線相等。

直接用勾股定理計算，也能推出 $AC = BD$。

反過來，若在平行四邊形 $ABCD$ 中有 $AC = BD$，由 $AB = CD$ 以及公共邊 BC 也推出 $\triangle ABC$

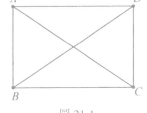

圖 21-1

和 $\triangle DCB$ 全等（邊邊邊），從而 $\angle ABC = \angle DCB$。再由平行四邊形鄰角互補推出這兩個角都是直角。這證明了對角線相等的平行四邊形是矩形。

直接用餘弦定理，也能推出 ∠ABC = ∠DCB。

另一種常見的特殊的平行四邊形是菱形。我們對菱形並不陌生，當初曾經用單位菱形的面積定義正弦。

通常是說，四邊相等的四邊形叫菱形。也可以說，有一組鄰邊相等的平行四邊形是菱形。這是因為平行四邊形對邊相等，所以有一組鄰邊相等的平行四邊形也就是四邊相等的平行四邊形。反過來，四邊相等當然對邊相等，所以菱形也是平行四邊形。

矩形的主要特徵在對角線，菱形的主要特徵也在對角線。

命題 21.2　菱形的對角線互相垂直，並且每條對角線平分一組對角。

證明很簡單。如圖 21-2，設菱形 ABCD 的兩條對角線交於點 E，則 BE 是等腰三角形 ABC 的底邊 AC 上的中線。根據等腰三角形三線合一的性質，BE 也是底邊 AC 上的高，這表明兩條對角線互相垂直；BE 又是頂角 ABC 的分角線，同理 DE 是 ∠ADC 的分角線。這表明每條對角線平分一組對角。

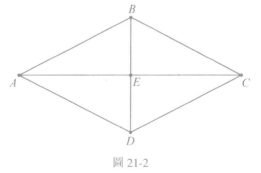

圖 21-2

反過來容易看到，若在圖 21-2 中不設 ABCD 是菱形，而設 AC 和 BD 相互垂直平分。由垂直平分線的性質(命題 9.5) 得 AB = BC = CD = DA，這證明了

命題 21.3　對角線互相垂直平分的四邊形是菱形。

從另一方面看，如圖 21-3，如果在四邊形 *ABCD* 中對角線 *AC* 平分 ∠*BAD* 和 ∠*BCD*，並且對角線 *BD* 平分 ∠*ABC* 和 ∠*ADC*，則由角邊角判定法得 Δ*ABD* ≅ Δ*CBD* 並且 Δ*ABC* ≅ Δ*ADC*，於是 *AB* = *BC* = *CD* = *DA*，從而有

命題 21.4　對角線分別平分兩組對角的四邊形是菱形。

總結起來，得到菱形的特徵性質：

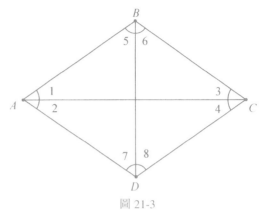

圖 21-3

命題 21.5 (菱形特徵性質定理)　菱形具有下列特徵性質：

(1) 有一組鄰邊相等的平行四邊形；

(2) 四邊相等；

(3) 對角線互相垂直的平行四邊形；

(4) 對角線互相垂直平分；

(5) 兩條對角線分別平分兩組對角。

根據菱形對角線互相垂直的性質，可以推出「菱形面積等於兩對角線乘積之半」，但這不是菱形的特徵性質，對角線互相垂直的四邊形都有這個性質。

如果菱形的一個角是直角，那麼它的四個角都是直角，這樣的菱形是正方形。正方形是我們最熟悉的幾何圖形之一。在小學裏就知道，正方形四邊相等、四個角都是直角、面積等於邊長的平方等等。現在，在研究了平行四邊形的性質後，也可以聯繫着平行四邊形來定義正方形：有一組鄰邊相等並且有一角為直角的平行四邊形叫做正方形。

也可以說，有一組鄰邊相等的矩形是正方形；正方形是菱形又是矩形；既是菱形又是矩形的四邊形是正方形。

總結起來得到：

命題 21.6（正方形特徵性質定理）　正方形有下列特徵性質：

（1）四邊相等，且四個角都是直角（當然，一個直角就夠了）；

（2）兩條對角線相互垂直平分並且相等；

（3）是有一個直角的菱形；

（4）是有一組鄰邊相等的矩形；

（5）是菱形又是矩形。

【例 21.1】　如圖 21-4，已知矩形 $ABCD$ 的一條對角線 $AC = 12$，它和矩形一邊所成的 $\angle BAC = 15°$。求此矩形的面積。

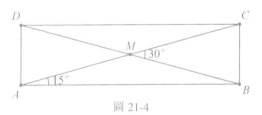

圖 21-4

解　設 M 是兩條對角線的交點。由矩形性質可知 $MA = MB$，所以 $\angle MBA = \angle MAB = 15°$。因三角形外角等於兩內對角之和，得 $\angle BMC = 30°$，從而得到

$$\Delta BMC = \frac{1}{2} BM \cdot CM \cdot \sin 30° = \frac{6 \times 6 \times 0.5}{2} = 9。$$

於是矩形 $ABCD$ 面積為 $4 \times 9 = 36$。

【例 21.2】　如圖 21-5，已知四邊形 $ABCD$ 中，$AD \,/\!/\, BC$；對角線 AC 的垂直平分線分別與直線

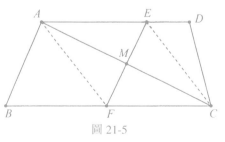

圖 21-5

AD 和 BC 交於 E 和 F。求證 $AFCE$ 是菱形。

證明　記 AC 中點為 M。根據共邊定理和平行線面積性質得

$$\frac{EM}{FM} = \frac{\Delta EAC}{\Delta FAC} = \frac{\Delta EAF}{\Delta ECF} = \frac{AM}{CM} = 1,$$

再考慮到條件 $EF \perp AC$，可見 EF 和 AC 互相垂直平分，故 $AFCE$ 是菱形。證畢。

【例 21.3】　如圖 21-6，在正方形 $ABCD$ 的四邊 AB，BC，CD，DA 上順次取點 E，F，G，H，使得 $AE = BF = CG = DH$。求證：$EFGH$ 是正方形。

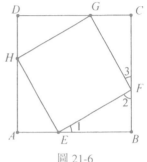

圖 21-6

證明　在 ΔHAE，ΔEBF，ΔFCG，ΔGDH 中，

(1) $AE = BF = CG = DH$［已知］；

(2) $\angle A = \angle B = \angle C = \angle D$［正方形性質］；

(3) $AH = BE = CF = DG$［等量相減，正方形性質，(1)］；

(4) $\Delta HAE \cong \Delta EBF \cong \Delta FCG \cong \Delta GDH$［邊角邊，(1) ~ (3)］；

(5) $HE = EF = FG = GH$［全等三角形的對應邊，(4)］；

(6) $\angle 1 = \angle 3$［全等三角形的對應角，(4)］；

(7) $\angle EFG = 180° - (\angle 2 + \angle 3) = 180° - (\angle 2 + \angle 1) = \angle B = 90°$［等量代換，(6)］；

(8) $EFGH$ 是正方形［有一個直角的菱形是正方形，(5)、(7)］。證畢。

習題 21.1　利用矩形的性質證明：直角三角形斜邊上的中線等於斜邊之半。

習題 21.2　求證：順次連接矩形四邊中點的線段構成菱形。

習題 21.3　求證：順次連接菱形四邊中點的線段構成矩形。

習題 21.4　在圖 21-6 中，正方形 *EFGH* 的面積能夠小於 *ABCD* 面積的一半嗎？證明你的判斷。

習題 21.5　求證：有一條對角線平分一個內角的平行四邊形是菱形。

習題 21.6　已知菱形周長為 24，求對角線交點到一邊中點的距離。

習題 21.7　從菱形一條邊的中點到對邊的一個端點連接線段。若此線段和菱形的某條邊垂直，求菱形各角的度數。

習題 21.8　求證：有一條對角線平分一內角的矩形是正方形。

22. 梯形和其他四邊形

梯形也是我們比較熟悉的四邊形，小學裏就學過梯形面積公式。

只有一組對邊平行的四邊形叫做梯形，平行的兩邊叫做梯形的底，通常把較短的底稱為上底，較長的稱為下底，不平行的兩邊叫做梯形的腰，兩底的距離叫做梯形的高。

在圖 22-1 中，梯形 *ABCD* 的上下底分別是 *CD* 和 *AB*，兩腰是 *AD* 和 *BC*，*DE* 是高。

由於 *AB* // *DC*，但 *AB* > *DC*，所以有

$$\Delta ABD = \Delta ABC > \Delta ACD。\qquad (22\text{-}1)$$

式（22-1）可以看成梯形的一個特徵性質。

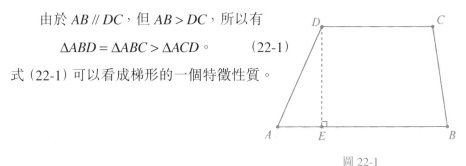

圖 22-1

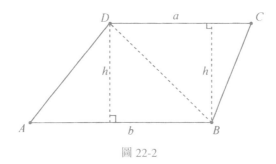

圖 22-2

如圖 22-2，作梯形 $ABCD$ 的對角線 BD，把梯形分成兩個三角形。設梯形上底 $CD = a$，下底 $AB = b$，高為 h，便得

$$梯形\ ABCD\ 面積 = \Delta ABD + \Delta BDC$$

$$= \frac{bh}{2} + \frac{ah}{2} = \frac{(a+b)h}{2} \text{。} \tag{22-2}$$

這是我們早就知道的：梯形面積等於其兩底和與高的乘積的一半。

連接三角形兩邊中點的線段叫做三角形的中位線。命題 6.2 指出三角形的中位線平行於第三邊且等於第三邊的一半。仿照三角形中位線的概念，把連接梯形兩腰中點的線段叫做梯形的中位線，類似地有

命題 22.1（梯形中位線定理）梯形的中位線平行於兩底，且等於兩底和之半。

證明　如圖 22-3，MN 是梯形 $ABCD$ 的中位線，E 是中位線和對角線 BD 的交點。

根據平行線的面積性質和中點的性質有

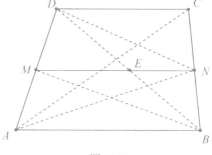

圖 22-3

$$\Delta MAB = \frac{\Delta DAB}{2} = \frac{\Delta CAB}{2} = \Delta NAB \text{，} \tag{22-3}$$

便得 $MN /\!/ AB$，這證明了中位線平行於兩底。

再用共邊定理、平行線的面積性質和中點的性質得

$$\frac{DE}{BE} = \frac{\Delta DMN}{\Delta BMN} = \frac{\Delta DMN}{\Delta AMN} = 1 ，\qquad (22\text{-}4)$$

這表明 E 是 BD 的中點。根據三角形中位線定理有

$$MN = ME + EN = \frac{AB}{2} + \frac{DC}{2} = \frac{AB+DC}{2} 。\qquad (22\text{-}5)$$

這證明了梯形的中位線等於兩底和之半。證畢。

上述定理有一個很直觀的證明方法：如圖 22-4，把兩個形狀大小一樣的梯形上下顛倒地拼在一起成為平行四邊形，就能夠清楚地看出：中位線正好是兩底和之半。

在幾何問題中有時遇到一些特殊的梯形，其中比較常見的是直角梯形和等腰梯形。直角梯形是一腰垂直於底的梯形，如圖 22-5；等腰梯形是兩腰相等的梯形，如

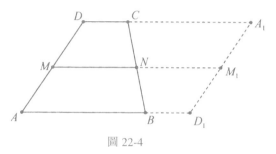

圖 22-4

圖 22-6。圖中的虛線表示，用垂直於底的直線從一般的梯形切割掉一個直角三角形，可以得到直角梯形；用平行於底的直線從一個等腰三角形切割掉一個等腰三角形，可以得到等腰梯形。

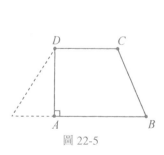

圖 22-5

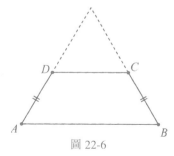

圖 22-6

我們來探究一下等腰梯形的性質。
如圖 22-7，應用平行線的面積性質和
面積公式得到

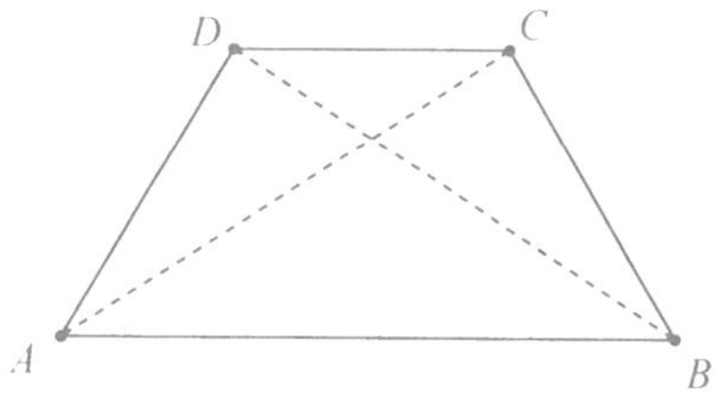

$$AD \cdot AB \cdot \sin\angle A = 2\Delta DAB$$
$$= 2\Delta CAB$$
$$= BC \cdot AB \cdot \sin\angle B。 \tag{22-6}$$

圖 22-7

當梯形的兩腰 $AD = BC$ 時推出 $\sin\angle A = \sin\angle B$，故 $\angle A$ 和 $\angle B$ 相等或互補。若互補則推出梯形兩腰平行，這不符合梯形的定義，所以 $\angle A = \angle B$，即等腰梯形在同一底上的兩角相等。

反過來，如果 $\angle A = \angle B$，由（22-6）式立刻推出 $AD = BC$。總結一下就得到

命題 22.2（等腰梯形特徵性質） 梯形兩腰相等的充分必要條件是同一底上的兩角相等。

回顧我們對四邊形以至多邊形的性質的探究，常常是把問題化為三角形的問題來解決。四邊形無非是兩個三角形拼成的圖形，用這個觀點看，看到兩個全等的三角形沿着對應邊拼合就成了平行四邊形。這裏有兩種拼法，對應頂點相互錯開，得到平行四邊形；如果對應頂點重合，得到的就是另一種四邊形，叫做箏形，如圖 22-8。圖 22-8 中顯示出兩個全等三角形拼合的兩種情形：按虛線方式拼合得到平行四邊形 $EBCD$，按實線方式拼合得到箏形 $ABCD$。

嚴謹地説，（無公共邊的）兩組鄰邊分別相等的四邊形叫做箏形。

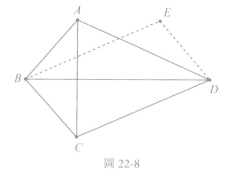

圖 22-8

命題 22.3（箏形的特徵性質定理）箏形有下列特徵性質：

（1）有一條對角線垂直平分另一條對角線；

（2）有一條對角線平分一組對角。

命題 22.3 的證明留作習題。

前面還有些地方涉及具有其他特點的四邊形。例如對角線互相垂直的四邊形（例 9.1）及有一組對角為直角的四邊形（例 19.2）。對於一般的四邊形，也有一些值得注意的事實。特別是三角形面積公式和三角形的餘弦定理，都可以推廣到四邊形。

命題 22.4（面積公式和餘弦定理的推廣）設四邊形 $ABCD$ 面積為 S，對角線 AC 和 BD 相交於 P，記 $\angle APD = \alpha$，則有（圖 22-9）：

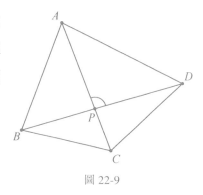

（1）四邊形面積公式

$$S = \frac{1}{2} AC \cdot BD \cdot \sin\alpha \text{。} \qquad (22\text{-}7)$$

圖 22-9

（2）四邊形的餘弦定理

$$AB^2 - BC^2 + CD^2 - DA^2 = 2AC \cdot BD \cdot \cos\alpha \text{。} \qquad （22\text{-}8）$$

這兩條結論都是前面提到的。（22-7）式即例 2.3，（22-8）式即推論 13.5。此處將其綜合為一個命題，以示重視。

有關四邊形的幾何問題非常豐富，這裏不過是初步系統地梳理一下。

【例 22.1】　如圖 22-10，梯形 $ABCD$ 的中位線 EF 分別與對角線 BD 和 AC 交於 G 和 H。求證：

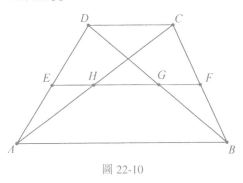

圖 22-10

$$GH = \frac{1}{2}(AB - CD) \text{。}$$

證明　根據梯形中位線平行於兩底及命題 6.3，可知 G 和 H 分別是 BD 和 AC 的中點，因此 GE 和 HE 分別是 $\triangle DAB$ 和 $\triangle ACD$ 的中位線。由三角形中位線定理得到

$$GH = GE - HE = \frac{AB}{2} - \frac{CD}{2} = \frac{AB - CD}{2} \text{，}$$

證畢。

【例 22.2】　如圖 22-11，等腰梯形 $ABCD$ 的對角線 BD 和 AC 交於 E。
求證：$\triangle ADE \cong \triangle BCE$。

證明　在 $\triangle DAB$ 和 $\triangle CBA$ 中，有公共邊 $AB = BA$；又根據等腰梯形性質有 $AD = BC$ 和 $\angle DAB = \angle CBA$，所以 $\triangle DAB \cong \triangle CBA$(邊角邊)，從而 $\angle ADE = \angle BCE$。再加上條件 $AD = BC$ 和對頂角 $\angle AED = \angle BEC$，即得 $\triangle ADE \cong \triangle BCE$。證畢。

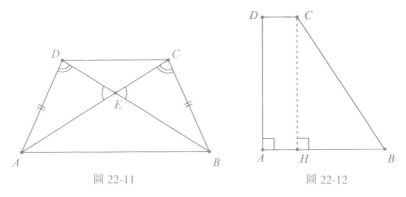

圖 22-11　　　　　　　　　　圖 22-12

【例 22.3】　如圖 22-12，梯形 $ABCD$ 中 $\angle A$ 為直角，一腰 $BC = AB + CD$。
求證：$AD^2 = 4AB \cdot CD$。

證明　從圖 22-12 上所作的高 CH，容易想到用勾股定理來計算：

$$AD^2 = CH^2 = BC^2 - BH^2$$
$$= (AB + CD)^2 - (AB - DC)^2 = 4AB \cdot CD，$$

這就是要證明的結論。

【例 22.4】 如圖 22-13，
箏形 $ABCD$ 中 $AB = AD$ 且 BC
$= CD$。過對角線交點 M 作兩
條直線分別與四邊 AB，BC，
CD，DA 交於 E，F，G，H；
連接 EF 和 GH 分別與 BD 交
於 P 和 Q。求證：$MP = MQ$。

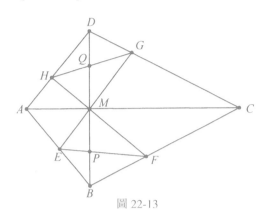
圖 22-13

證明 因為 $MB = MD$，所以只要證明

$$\frac{MP}{BP} = \frac{MQ}{DQ}，$$

即證明

$$\frac{MP}{BP} \cdot \frac{DQ}{MQ} = 1。$$

反覆應用共邊定理、共角定理和箏形的性質得

$$\frac{MP}{BP} \cdot \frac{DQ}{MQ} = \frac{\Delta MEF}{\Delta BEF} \cdot \frac{\Delta DHG}{\Delta MHG} = \frac{ME \cdot MF}{MH \cdot MG} \cdot \frac{DH \cdot DG}{BE \cdot BF}$$

$$= \frac{ME}{MG} \cdot \frac{MF}{MH} \cdot \frac{DH}{BE} \cdot \frac{DG}{BF}$$

$$= \frac{\Delta EBD}{\Delta GBD} \cdot \frac{\Delta FBD}{\Delta HBD} \cdot \frac{\Delta HBD}{\Delta EBD} \cdot \frac{\Delta GBD}{\Delta FBD} = 1，$$

證畢。

141

矩形對角線的交點到四個頂點距離相等。矩形可以分成兩個直角三角形，但是兩個直角三角形沿着斜邊拼成的四邊形不一定是矩形。儘管不是矩形，它的一條對角線的中點仍然具有到四個頂點距離相等的性質（圖 22-14）。這種由兩個直角三角形沿着斜邊拼成的四邊形對角互補。

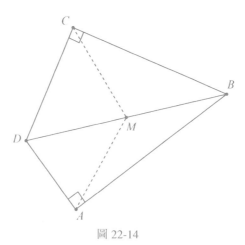

圖 22-14

那麼，更一般地，對於對角互補的四邊形，有沒有一個到四個頂點距離相等的點呢？下面的例子回答了這個問題。

【例 22.5】　設四邊形 ABCD 中 $\angle ABC + \angle CDA = 180°$。

求證：有一點 P，滿足 $PA = PB = PC = PD$。

證明　如圖 22-15，設 AB 的中垂線和 BC 的中垂線交點為 P，則 $PA = PB = PC$。由等腰三角形底角相等，可記 $\alpha = \angle PAB = \angle PBA$，$\beta = \angle PBC = \angle PCB$。

只要證明 $PD = PA$。

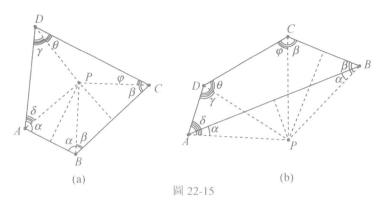

(a)   (b)

圖 22-15

如圖 22-15 所標注，若 $PD > PA$，由大邊對大角，得 $\delta > \gamma$；同理 $\varphi > \theta$。於是 $\alpha + \beta + \delta + \varphi > \alpha + \beta + \gamma + \theta$，如圖 (a) 有 $\angle ABC + \angle CDA = \alpha + \beta + \gamma + \theta < 180°$，如圖 (b) 則有 $\angle ABC + \angle CDA = \beta - \alpha + \gamma + \theta < \beta - \alpha + \delta + \varphi = 180°$，和條件不符。

若 $PD < PA$，同理推出 $\angle ABC + \angle CDA > 180°$，也和條件不符。

這證明必有 $PD = PA$。證畢。

上面的例子所考慮的四邊形的特點是對角互補，也可說是對角之和相等，這使我們聯想到，如果考慮對邊之和相等的四邊形，又有甚麼性質呢？

【例 22.6】 設四邊形 $ABCD$ 中 $AB + CD = BC + AD$。

求證：有一點 P，它到四邊形 $ABCD$ 的四邊距離相等。

證明 如圖 22-16，作 $\angle A$ 和 $\angle B$ 的分角線交於點 P，自 P 分別向 DA，AB，BC 和 CD 作垂線，垂足順次為 E，F，G，H。由分角線的性質（例 5.4），有 $PE = PF = PG$，已知還有 $AF = AE$ 和 $BF = BG$。

下面證明 $PH = PG$。若不然有兩種情形：

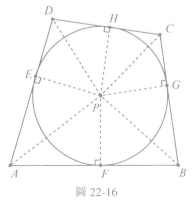

圖 22-16

（1）若 $PH > PG$，由勾股定理 $PH^2 + HC^2 = PC^2 = PG^2 + GC^2$ 得 $HC < GC$；同理 $HD < ED$。於是

$$AB + CD = AF + BF + HC + HD < AE + BG + GC + ED = BC + AD，$$

這與條件 $AB + CD = BC + AD$ 不符。

（2）若 $PH < PG$，同理可推出 $AB + CD > BC + AD$，也和條件不符。

因此只可能有 $PH = PG$。證畢。

習題 22.1　已知梯形 $ABCD$ 的上底為 AD，兩腰 $AB > CD$。試把梯形的四個角 $\angle A$，$\angle B$，$\angle C$，$\angle D$ 按自小而大的順序排列。

習題 22.2　已知點 P 在梯形 $ABCD$ 的一腰 AD 上，且 $\triangle PCD$ 相似於 $\triangle BPA$（參看圖 22-17）。

求證：$ABCD$ 是直角梯形。

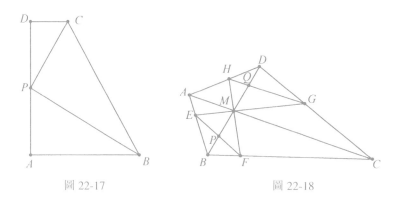

圖 22-17　　　　　　　　圖 22-18

習題 22.3　四邊形 $ABCD$ 中對角線交點 M 是 BD 中點。過 M 作兩條直線分別與四邊 AB，BC，CD，DA 交於 E，F，G，H；連接 EF 和 GH 分別與 BD 交於 P 和 Q（參看圖 22-18）。

求證：$MP = MQ$。

習題 22.4　已知等腰梯形有一角為 $120°$，上底為 12，腰長為 10，求其面積和周長。

習題 22.5　設 *P* 和 *Q* 分別是梯形 *ABCD* 兩腰 *AD* 和 *BC* 上的點，且 *PA* = 2*PD*，*QB* = 2*QC*。求證：

$$PQ = \frac{1}{3}(AB + 2CD)。$$

習題 22.6　設 *P* 和 *Q* 分別是梯形 *ABCD* 兩腰 *AD* 和 *BC* 的中點；直線 *DQ* 和底邊 *AB* 的延長線交於 *E*。求證：*CD* = *BE*。再利用這個結果證明梯形中位線等於兩底和的一半。

習題 22.7　設四邊形 *ABCD* 中 ∠*ABC* + ∠*CDA* = 180°。求證：∠*ADB* = ∠*ACB*。

習題 22.8　在例 22.5 和 22.6 的證明中，都用了排除其他情形的間接證明方法。你能用直接推理來證明這兩個命題嗎？

第四站小結

這是比較輕鬆的一站，是豐收後的休整。

我們已經打造了幾套強有力的工具，用來解決這一站所提出的問題，應當是輕而易舉的。

值得注意的仍然是提問題和看問題的方法。

三角形研究得比較清楚了，進一步就研究四邊形，這是數學中常用的發掘問題並擴大戰果的方法。

兩個三角形拼在一起可以得到四邊形，一個三角形切掉一角也可以得到四邊形，所以對三角形的認識就是進一步認識四邊形的基礎。

四邊形的有些性質，是直接從三角形的性質推廣得來的。例如，三角形內角和為 180°，四邊形內角和為 360°；三角形外角和 360°，四

邊形外角和以至多邊形外角和都是 360°。三角形面積等於兩邊和夾角正弦乘積之半，四邊形面積等於兩條對角線和夾角正弦乘積之半；直角三角形兩直角邊的平方和等於斜邊的平方，兩條對角線相互垂直的四邊形兩組對邊的平方和相等；對這些性質的了解，是溫故知新，學了四邊形，又加深了對三角形的認識。

四邊形的有些性質是不可能從三角形推廣得來的。例如，四邊形有兩條對角線，三角形沒有對角線；四邊形有對邊對角，三角形沒有；四邊形可能有兩條邊平行，三角形不可能，這樣一來，在研究四邊形性質的時候就可以從這些地方推陳出新了。

在研究三角形的時候，關注過一些特殊的三角，例如等腰三角形、等邊三角形、直角三角形。這些特殊的三角形用處很大，因為一般三角形常常可以分割為特殊的三角形。在四邊形中，也有一些特殊的四邊形值得我們特別加以關注。

最重要的一類特殊的四邊形是平行四邊形。關於平行四邊形的命題，我們先是總結出了性質定理，列出了平行四邊形具有的性質；然後反過來總結出判定定理，説明具有哪些性質的四邊形一定是平行四邊形。其實，在學習三角形時，也可以總結出來一些性質定理和判定定理。例如等腰三角形兩底角相等，三線合一，都是性質定理；反過來，不難總結出對應的判定定理。但以前在研究特殊三角形時沒有突出性質定理和判定定理的概念，是因為特殊三角形的獨特性質就那麼一兩條，加以梳理的重要性還不突出。那時關注的主要問題是三角形的邊角關係以及用邊角關係推出三角形相似或全等的條件。現在一方面是騰出手來比較悠閒了，又遇見平行四邊形這種具有豐富性質的研究對象，確實有必要梳理一下，就把性質定理和判定定理的概念凸現出來。

又是性質定理，又是判定定理，頭緒未免多了一些。學習數學，有一個由少到多，又由多到少的過程。由少到多，是把事物分細展開；由多到少，則是把它們提煉歸攏。理出平行四邊形的一系列性質，列出一串性質定理和判定定理，是分細展開由少到多；接着我們提出了特徵性質的概念，把性質定理和判定定理統一表達為特徵性質定理，就是由多到少。平行四邊形的特徵性質，無非是對邊平行、對角相等、鄰角互補、對邊相等、一組對邊平行且相等以及對角線相互平分這麼幾條。

在平行四邊形的基礎上，加上等邊條件就是菱形，加上等角條件就是矩形，兩個條件都具備就是正方形，條理很清楚。

在平行四邊形的基礎上，減去一個條件，只有一組對邊平行時就是梯形。

要注意的是，平行四邊形包含了矩形、菱形、正方形，但梯形不包含平行四邊形。這樣規定是為了有關梯形性質的某些命題表述起來更為簡潔。

平行四邊形是兩個全等三角形拼成的，也可以看成是兩個梯形拼成的。但看成兩個全等三角形拼成的就更容易理解其性質。

梯形也是兩個三角形拼成的，也可以看成是用平行於一邊的直線將三角形切去一角剩下的部分。取後一種看法更容易理解其性質。

總的來說，前面三站主要關注幾何圖形間的數量關係，而這一站更多地注意與幾何性質有關的知識的邏輯結構。

第五站
圓和正多邊形

23. 圓的基本性質

　　圓有許多有趣又有用的性質，其中有些性質很平凡，容易看出來，有些性質要深究才會浮出水面。但是深刻的性質常常和平凡的性質緊密地聯繫在一起。先把平凡的性質梳理一下，再進行比較深入的探究，這是思考數學問題的一般方法。

　　圓的所有性質都是從它的這個定義得來的：在平面上，到一定點的距離等於定長的所有點組成一個圓。這個定點叫做這個圓的圓心，定長叫做圓的半徑。半徑的 2 倍叫做圓的直徑。半徑相等的圓叫做等圓。

　　一個圓把它所在平面上的點分成了三部分：到圓心的距離小於半徑的點叫做圓內的點；到圓心的距離等於半徑的點叫做圓上的點；到圓心的距離大於半徑的點叫做圓外的點。

　　以點 O 為心的圓記作 $\odot O$，讀作「圓 O」。中心相同的圓叫同心圓。連接圓心到圓上任意一點的線段叫做該圓的半徑。這樣一來，半徑這個詞就有了雙重含義：有時它是一個數，表示圓心到圓上任意一點的距離；有時它是一個圖形，表示連接圓心到圓上任意一點的線段。這樣一詞兩義的情形在幾何中由來已久，大家都習慣了，根據上下文容易判斷具體所指，不會導致混亂。

　　連接一個圓上兩點的線段叫做該圓的弦，通過圓心的弦叫直徑。顯然，直徑的長度是半徑的兩倍。類似於半徑，直徑這個詞也有雙重含義。

　　在圖 23-1 中，AB 是 $\odot O$ 的直徑，CD 是 $\odot O$ 的一條弦，P 在 $\odot O$ 內而 Q 在 $\odot O$ 外，A，B，C，D，E 都在圓上，OA，OB，OE 都是半徑。

　　若 $\odot O$ 的弦 AB 不是直徑，則 ΔOAB 是以 AB 為底邊的等腰三角形

（圖 23-2）。根據等腰三角形「三線合一」（命題 5.4）的性質，立刻得到圓的一條基本性質：

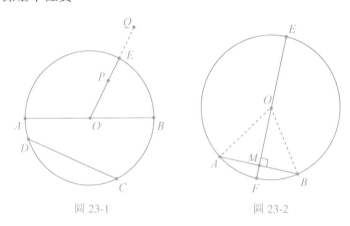

圖 23-1　　　　　　　　圖 23-2

命題 23.1（垂徑定理）　垂直於弦的直徑平分此弦；反之，平分弦（不是直徑）的直徑垂直此弦。

　　如圖 23-2，若 $OM \perp AB$，則 OM 是等腰三角形 ΔOAB 底邊 AB 上的高，所以也是中線，因而直徑 EF 平分弦 AB；反過來，若直徑 EF 平分弦 AB，則 OM 是等腰 ΔOAB 底邊 AB 上的中線，所以也是高，因而直徑 EF 垂直弦 AB。順便得知，OM 還是 $\angle AOB$ 的分角線。

　　可見，命題 23.1 不過是在用不同的術語重述命題 5.4 的部分內容。在圖上所畫的圓，並沒有在推理中起到更多的作用，起作用的只是條件 $OA = OB$。

　　同在圖 23-2 中，根據條件 $OA = OB$ 和垂直平分線的性質（命題 9.5），有

命題 23.2　弦的垂直平分線通過圓心；另一方面，以線段的垂直平分線上任意點為圓心，可作一圓經過該線段的兩個端點。

　　顯然，命題 23.2 不過是在用不同的術語重述命題 9.5。

在數學中，用不同的術語表達相同的事實是常有的事情。這實際上就是從不同的角度來觀察同一件事物，這是重要的數學思想，這種思想常常能夠把複雜的問題變得簡單明白，對似乎難以下手的問題找出意外簡捷的解決方案。

從上述命題可見，經過兩點的圓有無窮多個，它們的圓心組成連接這兩點的線段的垂直平分線，如圖 23-3；又可以看到，經過兩條平行弦中點的直線垂直於此弦且過圓心，如圖 23-4。

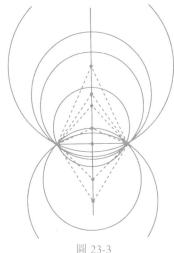

圖 23-3

圖 23-4

雖然對於圓的認識剛剛開始，我們還是能夠解決一些有關圓的問題了。

【例 23.1】 若點 P 在 $\odot O$ 的弦 AB 上，P 不同於 A 也不同於 B，求證 P 在 $\odot O$ 內。

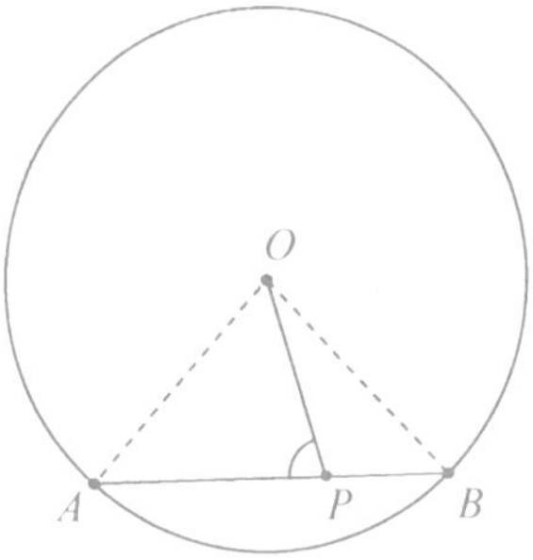

證明 如圖 23-5，要證明 P 在 $\odot O$ 內，就是證明 $PO < AO$。

圖 23-5

根據三角形外角大於內對角，得 $\angle APO > \angle B = \angle A$，再在 $\triangle OAP$ 中應用大角對大邊，即得 $PO < AO$。證畢。

這個題目只要明白要證明的是甚麼，就容易解決。

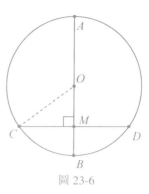

圖 23-6

【例 23.2】 如圖 23-6，CD 是 $\odot O$ 的弦，直徑 AB 垂直於 CD 並和 CD 相交於 M。

求證：$CD^2 = 4AM \cdot BM$。

證明 若 M 和圓心 O 重合，要證明的結論顯然成立。

設 M 不和圓心 O 重合，由垂徑定理可知 M 是 CD 中點。應用勾股定理得

$$CM^2 = OC^2 - OM^2 = (OC + OM)(OC - OM)$$

$$= (AO + OM)(BO - OM)$$

$$= AM \cdot BM，$$

因此得到 $CD^2 = (2CM)^2 = 4CM^2 = 4AM \cdot BM$。證畢。

從上例題推導過程看到，弦的長度和它到圓心的距離有關。把弦到圓心的距離簡稱為弦心距，有下列計算公式：

命題 23.3 (弦心距公式) 在半徑為 r 的圓中，若弦長為 l 則弦心距 d 為

$$d = \sqrt{r^2 - \frac{l^2}{4}}。 \qquad (23\text{-}1)$$

直接用垂徑定理和勾股定理可得上述公式，推導從略。

如上，若 $\odot O$ 的弦 AB 不是直徑，則 ΔOAB 是以 AB 為底邊的等腰三角形（圖 23-2），這個等腰三角形的頂角 AOB 叫做弦 AB 所對的弦心角。容易推出弦心角、弦長、半徑和弦心距之間的關係。

命題 23.4 設 $\odot O$ 的半徑為 r，弦 AB 長為 l，弦心距為 d，弦心角為 α，則有下列公式：

$$d = r \cdot \cos\frac{\alpha}{2} , \tag{23-2}$$

$$l = 2r \cdot \sin\frac{\alpha}{2} , \tag{23-3}$$

如圖 23-2，根據等腰三角形三線合一的性質以及直角三角形中銳角的正弦餘弦和邊比的關係，立刻得到上面兩個公式。詳細推導留給讀者。

公式（23-3）表明，從弦心角計算弦長時用到了正弦，這就是正弦名稱的由來。

上面說到，經過一條線段 AB 的兩端點的圓有無窮多個，它們的圓心都在 AB 的中垂線上。如果在直線 AB 外任取一點 C，則經過 BC 的兩端點的圓也有無窮多個，它們的圓心都在 BC 的中垂線上。由於 BC 和 AB 不平行，它們的中垂線必有唯一的交點 O。因為 O 在 AB 的中垂線上，得 OA = OB；又因為 O 在 BC 的中垂線上，得 OB = OC。於是，若以 O 為心、OA 為半徑作 ⊙O，則 A，B，C 三點都在此圓上，所以有

命題 23.5（三點定圓）　經過不在同一條直線上的三點，有一個圓，也只有一個圓。

如圖 23-7 和 23-8，經過 A，B，C 三點的 ⊙O 從外面包圍了 ΔABC，叫做 ΔABC 的外接圓，ΔABC 叫做 ⊙O 的內接三角形。三角形的外接圓的圓心，叫做此三角形的外心。

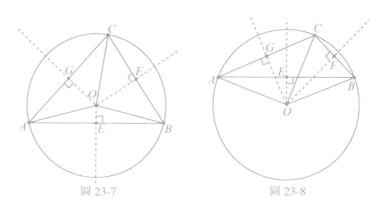

圖 23-7　　　　　　　　　　圖 23-8

注意，此時也有 $OA = OC$，所以 O 也在 AC 的中垂線上。由此得

命題 23.6　任意三角形三邊的垂直平分線交於一點，此點為三角形的外心。

我們已經知道三角形的三種巧合點：重心、垂心和內心，現在又添了一種：外心。常見的三角形巧合點就是這四種。

三角形的外心可能在三角形內部，如圖 23-7，也可能在外部，如圖 23-8。至於甚麼情形在外部，甚麼情形在內部，不久便會水落石出。現在讀者不妨自己猜想一下。

【例 23.3】　求證：(1) 直角三角形的外心是其斜邊的中點；(2) 反之，若 ΔABC 的外心在邊 AB 上，則 $\angle C$ 為直角。

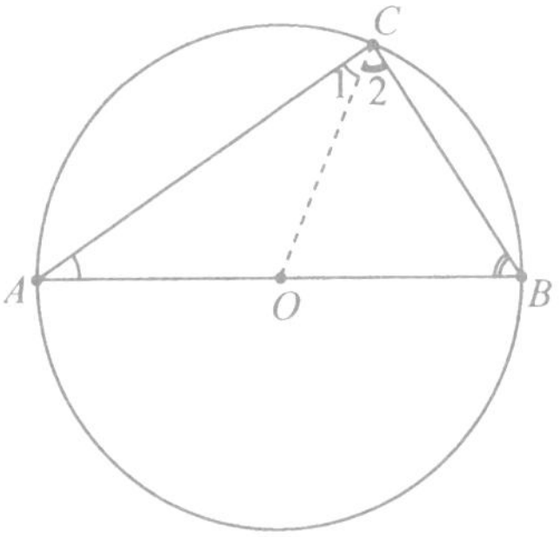

證明　(1) 由於直角三角形斜邊上的中線是斜邊的一半，故斜邊中點到三角形的三個頂點距離相等，從而它是外心。

(2) 如圖 23-9，由 $OA = OB = OC$ 及等邊對等角，得 $\angle 1 = \angle A$，$\angle 2 = \angle B$，從而

$$\angle C = \angle 1 + \angle 2 = \angle A + \angle B = 180° - \angle C, \tag{23-4}$$

於是得 $2\angle C = 180°$，即 $\angle C$ 為直角。證畢。

圖 23-9

上面討論過圓和點的關係了，接着看看圓和直線的關係。

設 $\odot O$ 的半徑為 r，圓心 O 到直線的距離為 d。自圓心 O 向該直線作垂足 F，則 $OF = d$。點 F 是該直線上距離圓心 O 最近的點，於是從點 F 和 $\odot O$ 的關係便可以得知直線和 $\odot O$ 的關係。

直觀地看，若 $d > r$，點 F 在 $\odot O$ 之外，則直線上所有的點都在 $\odot O$ 外部，這時稱直線外離於 $\odot O$；若 $d < r$，點 F 在 $\odot O$ 之內，則直線和

⊙O 交於兩點，這時稱直線為 ⊙O 的割線；若 $d=r$，點 F 在 ⊙O 上，則直線上其他的點都在 ⊙O 外部，這時稱直線切 ⊙O 於 F，或者說直線和 ⊙O 相切，稱該直線為 ⊙O 的切線，稱點 F 為切點。

簡單地說，和圓交於兩點的直線叫做圓的割線，和圓只有一個公共點的直線叫做圓的切線。

這三種情形分別如圖 23-10 的 (a) ~ (c)。

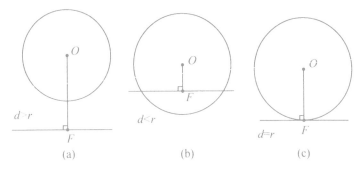

圖 23-10

直線和圓外離，沒甚麼好說的了。直線和圓交於兩點，兩點間的線段就是弦，上面也初步研究了一番。而直線和圓相切，只有一個公共點的情形，是新情況，是新事物，值得注意。

命題 23.7　設直線 AB 經過 ⊙O 上的一個點 F，若 $OF \perp AB$，則直線 AB 和 ⊙O 只有一個公共點 F；若 OF 不垂直於 AB，則直線 AB 和 ⊙O 有兩個公共點。

證明　若 $OF \perp AB$，由於垂線是點到直線最短線段，故直線 AB 上除 F 之外的其他點到圓心 O 的距離均大於半徑 OF，從而均在圓外，故直線 AB 和 ⊙O 只有一個公共點 F。

若 OF 不垂直於 AB，如圖 23-11，

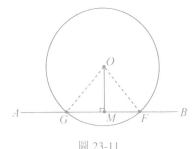

圖 23-11

自 O 作 AB 的垂足 M，延長 FM 至 G，使得 $GM = FM$，則 OM 垂直平分 FG，所以 $OG = OF$，這樣 AB 上有另一點 G 也在 $\odot O$ 上。證畢。

把命題 23.7 換一種說法，就是

命題 23.8（圓的切線的特徵性質）　直線是圓的切線的充分必要條件，是它經過圓上的一個點並且垂直於過此點的半徑。

這個命題有兩層含義。第一，過 $\odot O$ 上一點 P 而垂直於半徑 OP 的直線是 $\odot O$ 的切線，這是切線的判定定理；第二，和 $\odot O$ 相切於 P 的直線垂直於半徑 OP，這是切線的性質定理。

因為過一點只能作指定直線的一條垂線，從上述命題立刻推出

命題 23.9　過圓心垂直於切線的直線必經過切點；過切點垂直於切線的直線必經過圓心。

想一想，把上述命題中的「切線」改為「弦」，「切點」改為「弦的中點」，是不是變成垂徑定理了？反過來，垂徑定理中的弦縮短成一點，是不是變成這個命題了？

根據上面所說切線垂直於過切點的半徑，經過圓上任意一點作切線是很容易的事情了。但是，經過不在圓上的點能不能作切線呢？

顯然，經過圓內的點，不可能作該圓的切線。因為過圓內點的直線總會和圓交於兩點，所以只要考慮過圓外一點作圓的切線的問題。

【例 23.4】　設 P 為 $\odot O$ 外一點，試作過 P 點並且和 $\odot O$ 相切的直線。

解　如圖 23-12，作線段 PO 中點 M，以 M 為心作半徑為 MO 的圓。$\odot M$ 和 $\odot O$ 相交於 A 和 B 兩點。由於 $\odot M$ 的圓心 M 在 ΔPAO 和 ΔPBO 的邊 PO 上，故 $\angle A$ 和 $\angle B$ 均為直角（參看例 23.3），即 $PA \perp OA$，$PB \perp OB$。根據切線的特徵性質，直線 PA 和 PB 都是 $\odot O$ 的切線。

可見，過圓外一點恰有兩條直線和圓相切。

在圖 23-12 中，容易看出來 ΔPAO 全等於 ΔPBO，從而 $PA = PB$，並且 OP 是 $\angle APB$ 的分角線。線段 PA 和 PB 都叫做 P 到 $\odot O$ 的切線；P 到切點 A 或 B 的距離，叫做 P 到 $\odot O$ 的切線長；$\angle APB$ 叫做兩切線的夾角。應用有關直

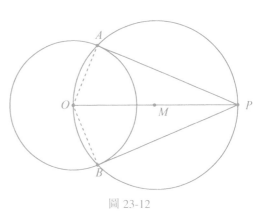

圖 23-12

角三角形的知識，不難寫出切線長的計算公式。

按定義切線本來是直線，直線不可能有確定的長度，所以「切線長」這個術語好像不合理。但是這裏術語「切線」已經有了雙重含義：有時指直線，有時指線段，這種一詞多義的情形是習慣形成的，注意上下文就不至於混淆。

命題 23.10（切線長定理） 從 $\odot O$ 外一點 P 引圓的兩條切線，其切線長相等。圓心 O 和點 P 的連線半分兩切線的夾角。若圓半徑為 r，$OP = d$，切線長為 l，兩切線的夾角為 α，則有公式

$$l = \sqrt{d^2 - r^2} = d\cos\frac{\alpha}{2}, \tag{23-5}$$

$$\sin\frac{\alpha}{2} = \frac{r}{d}, \tag{23-6}$$

$$l = r\cot\frac{\alpha}{2}。 \tag{23-7}$$

上述事實和公式顯然成立，證明略。

習題 23.1 若 A 和 B 兩點都在 $\odot O$ 內，求證：線段 AB 上的點都在 $\odot O$ 內。

習題 23.2　已知 ⊙O 的直徑為 10，弦 AB = 5，求 ΔOAB 的面積和 ∠ABO 的大小。

習題 23.3　如圖 23-13，橋拱的跨度 AB = 37.4m，拱高 CD = 7.2m；橋拱是 ⊙O 的一部分，求得 ⊙O 半徑。

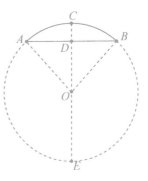

圖 23-13

習題 23.4　兩同心圓中，大圓的弦 AB 和小圓交於 C 和 D，求證：AC = BD。

習題 23.5　在 ⊙O 的直徑 AB 上任取一點 P，P 在 O 和 B 之間且不同於 O 和 B。點 Q 在 ⊙O 上且不同於 A 和 B。求證：PB < PQ < PA。

習題 23.6　已知 ΔABC 的外心 O 在其內部，求證：ΔABC 是銳角三角形。

習題 23.7　求證：鈍角三角形的外心一定在其外部。反之，若 ΔABC 的外心在其外部，則 ΔABC 一定是鈍角三角形。

習題 23.8　如圖 23-14，AB 是 ⊙O 的直徑，過 B 作 ⊙O 的切線 BC，過 C 作 ⊙O 另一條切線和 ⊙O 相切於 D。求證：AD // OC。

習題 23.9　若 AB 是 ⊙O 的直徑，C 是 ⊙B 和 ⊙O 的交點，求證：AC 是 ⊙B 的切線。

習題 23.10　如圖 23-14，AB 是 ⊙O 的直徑，過 B 作 ⊙O 的切線 BC，弦 AD 平行於 OC，求證：DC 是 ⊙O 的切線。

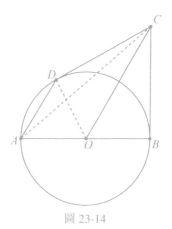

圖 23-14

24. 圓周角定理及其推論

　　上一節説到的是圓的基本性質，涉及的命題很顯然，多數是原來學過的知識換個表述方式。

　　下面要探索圓的更深刻的性質，似乎是一眼看不出來的性質，需要演繹推理才能發現的性質。但事實上我們前面的例題或習題中已有蛛絲馬跡，只是沒有把圓畫出來，沒有使用圓的有關術語罷了。

　　在 ⊙O 上任取兩點 A 和 B，圓就分成了兩個部分，每一部分都叫做一條圓弧，簡稱為弧，也稱為弦 AB 所對的弧。如果弦 AB 是直徑，這兩條弧都叫做半圓。如果弦 AB 不是直徑，則兩條弧一大一小。大於半圓的弧叫優弧，小於半圓的弧叫劣弧。如果不加説明，弦 AB 所對的弧指劣弧。一條弧和它所對的弦在一起組成的圖形叫做弓形。

　　以 A 和 B 為端點的劣弧通常記作 $\overarc{AB}$，讀作「圓弧 AB」或「弧 AB」。為合理地表示以 A 和 B 為端點的優弧，可以在這弧上再任意取一個不同於 A 和 B 的點 P，將這條弧用三個點表示為 $\overarc{APB}$。當然，劣弧也可以用三個點表示。事實上，我們常常不能肯定所提到的弧是劣弧還是優弧，用三個點表示更清楚。

　　頂點在圓心上，角的兩邊與圓周相交的角叫做叫圓心角。在 ⊙O 上任取兩點 A 和 B，$\angle AOB$ 叫做 $\overarc{AB}$ 所對的圓心角。圓心角的度數，也叫做它所對的弧的度數。半圓的度數是 $180°$；優弧 $\overarc{APB}$ 的度數，是 $360°$ 減去 $\overarc{AB}$ 的度數。用記號 dg(*) 來記圓弧 * 的度數。例如，$\overarc{AB}$ 的度數記作 dg($\overarc{AB}$)，$\overarc{APB}$ 的度數記作 dg($\overarc{APB}$)，可見 dg($\overarc{APB}$) + dg($\overarc{AB}$) = $360°$。

　　在同圓或等圓中，相等的圓心角所對的弧叫等弧。若 $\overarc{AB}$ 和 $\overarc{CD}$ 為等弧，記作 $\overarc{AB} = \overarc{CD}$，這時對應的優弧 $\overarc{APB} = \overarc{CQD}$。

根據三角形全等的邊角邊或邊邊邊判別法，顯然有

命題 24.1　在同圓或等圓中，如果兩個圓心角、所對的兩條弧、所對的兩條弦或者這兩條弦的弦心距中有一組量相等，則其餘各組量都分別相等。

上述命題涉及四組量，從其中一組量相等可以推出另三組相等。這樣，它實際上概括了 12 條命題。

把這個命題和垂徑定理結合起來，可以把垂徑定理敍述成更一般的形式：

命題 24.2（廣義垂徑定理）　垂直於弦的直徑平分此弦，並且平分此弦所對的弧以及此弧所對的圓心角。

當然，上述命題也是等腰三角形「三線合一」的另一種表達方式。

根據中垂線的唯一性以及連接兩點線段的唯一性，從命題 24.2 直接推出

命題 24.3（廣義垂徑定理的推論）　若弦不是直徑，則

(1) 平分弦的直徑垂直於弦，並且平分弦所對的弧；

(2) 平分弦所對的一條弧的直徑，垂直平分此弦；

(3) 弦的垂直平分線經過圓心，並且平分弦所對的弧。

上面的討論都沒有配圖，讀者可以參看前節的圖 23-2。

到現在為止，所討論的圓的性質仍是平凡直觀的性質。下面的探索開始深入了。

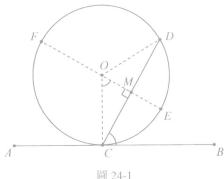

圖 24-1

　　如圖 24-1，*AB* 和 ⊙*O* 相切於 *C*，*D* 是圓上另一點。與弦 *CD* 垂直的直徑和弦 *CD* 相交於 *M*。根據切線性質 *OC* ⊥ *CB*，由垂徑定理得到

$$\angle DCB = 90° - \angle OCM = \angle COM = \frac{1}{2}\angle COD。 \qquad (24\text{-}1)$$

由此可見，∠*DCB* 的度數等於 $\overset{\frown}{DC}$ 度數之半。另一方面，有

$$\angle DCA = 180° - \angle DCB = \frac{1}{2}(360° - \angle COD)。 \qquad (24\text{-}2)$$

按優弧度數的意義，上式說明 ∠*DCA* 的度數等於 $\overset{\frown}{DFC}$ 度數之半。

　　注意到 ∠*DCA* 和 ∠*DCB* 都是弦 *CD* 和切線 *AB* 所成的角，頂點 *C* 為切點，這樣由切線和弦所成的頂點為切點的角叫做弦切角。從切點 *C* 出發的弦 *CD* 所對的兩條弧，一條是夾在 ∠*DCB* 內的 $\overset{\frown}{DC}$，另一條是夾在 ∠*DCA* 內的 $\overset{\frown}{DFC}$，分別叫做該弦切角所夾的弧。於是，等式（24-1）和（24-2）可以簡練地表述為

命題 24.4（弦切角定理）　弦切角的度數等於所夾的弧的度數之半。

　　在圖 24-1 中，若 *CD* 是直徑，∠*DCA* 和 ∠*DCB* 所夾的弧都是半圓，即 180° 的弧。按弦切角定理，∠*DCA* 和 ∠*DCB* 都應當是直角，這和切線性質一致。

　　弦切角定理好像是新的知識，不是一眼看出來的。其實，它和習

題 5.5 本質上是一回事，只是習題 5.5 對應的圖 5-7 中沒有圓，且術語有所不同。

　　從這個定理再進一步，得到非常重要的一命題，叫做圓周角定理。

　　同一個圓中，具有公共頂點的兩條弦所成的角叫做圓周角。例如，在圖 24-2 中，$\angle ACB$ 就是一個圓周角，通常說它是 $\overset{\frown}{ACB}$ 所含的弓形角，而弦 AB 所對兩條弧中不含點 C 的 $\overset{\frown}{AB}$ 叫做 $\angle ACB$ 所對的弧；也說 $\angle ACB$ 是 $\overset{\frown}{AB}$ 所對的圓周角。

　　顯然，一個圓周角所對的弧是唯一的，而一條弧所對的圓周角有無窮多個。

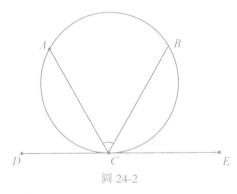

圖 24-2

命題 24.5（圓周角定理）　圓周角的度數等於所對弧的度數之半。

證明　如圖 24-2，過 C 作圓的切線 DE。應用弦切角定理得

$$\angle ACD = \frac{1}{2}\mathrm{dg}(\overset{\frown}{AC})，\angle BCE = \frac{1}{2}\mathrm{dg}(\overset{\frown}{BC})，$$

於是容易計算 $\overset{\frown}{AB}$ 所對的圓周角 $\angle ACB$：

$$\angle ACB = 180° - \angle ACD - \angle BCE = \frac{1}{2}(360° - \mathrm{dg}(\overset{\frown}{AC}) - \mathrm{dg}(\overset{\frown}{BC}))$$

$$= \frac{1}{2}\mathrm{dg}(\overset{\frown}{AB})。 \tag{24-3}$$

證畢。

圓周角定理是和圓有關的最重要的定理之一。和圓有關的角，圓心角的頂點只能在圓心，弦切角的頂點只能在切點，而圓周角的頂點可以是圓上的任意點，這使得圓周角定理的應用非常廣泛。下面一系列的推論僅僅是它初步的應用。

推論 24.1 圓周角的大小，等於同弧所對的圓心角的一半。

看看前面的習題 5.6，其內容和推論 24.1 是一致的，只是習題 5.6 對應的圖 5-8 上沒有把圓作出來，沒有用同弧所對的圓心角這種說法。

推論 24.2 同弧或度數相等的弧所對的圓周角相等；相等的圓周角所對的弧度數相等。

推論 24.2 的用處很廣，它本身也叫做圓周角定理。

推論 24.3 半圓所對的圓周角是直角；90° 的圓周角所對的弦是直徑。

這是我們知道的事實（例 23-3），這裏它成為一般情形的特例，證明更簡單。下面的推論是它另一種表達形式。

推論 24.4 $\triangle ABC$ 中，$\angle C$ 為直角的充分必要條件是：AB 邊上的中線長等於 AB 長度的一半。

推論 24.5 在同圓中，平行的兩弦所夾的弧相等。

證明很容易。如圖 24-3，若 $AB /\!/ CD$，則 $\angle A = \angle D$，於是

$$\mathrm{dg}(\overset{\frown}{AC}) = \mathrm{dg}(\overset{\frown}{BD})。$$

圓周角定理確定了頂點在圓周上的角與所夾的弧的關係。如果頂點不在圓周上面呢？我們可以用平行弦所夾的弧相等（推論 24.5）的性質，把頂點轉移到圓周上。

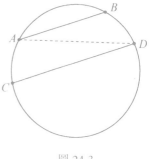

圖 24-3

如圖 24-4 和 24-5，兩條弦 AB 和 CD 或其延長線相交於 E，要討論 $\angle AED$ 和兩弦所夾的弧 $\overset{\frown}{AD}$ 和 $\overset{\frown}{BC}$ 的關係。為此作平行於 AB 的弦 CF，則 E 在圓內時（圖 24-4）有

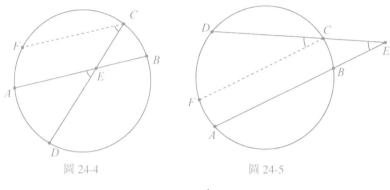

圖 24-4　　　　　圖 24-5

$$\angle AED = \angle FCD = \frac{1}{2}\mathrm{dg}(\overset{\frown}{DAF})$$

$$= \frac{1}{2}(\mathrm{dg}(\overset{\frown}{DA}) + \mathrm{dg}(\overset{\frown}{AF}))$$

$$= \frac{1}{2}(\mathrm{dg}(\overset{\frown}{DA}) + \mathrm{dg}(\overset{\frown}{BC})), \tag{24-4}$$

而 E 在圓外時（圖 24-5）有

$$\angle AED = \angle FCD = \frac{1}{2}\mathrm{dg}(\overset{\frown}{DF})$$

$$= \frac{1}{2}(\mathrm{dg}(\overset{\frown}{DFA}) - \mathrm{dg}(\overset{\frown}{AF}))$$

$$= \frac{1}{2}(\mathrm{dg}(\overset{\frown}{DA}) - \mathrm{dg}(\overset{\frown}{BC})), \tag{24-5}$$

於是得到

推論 24.6　兩弦相交於圓內，交角度數等於該角及其對頂角所夾兩弧度數和之半；兩弦延長後相交交於圓外，交角度數等於該角所夾兩弧度數差之半。

如果僅僅作定性的討論，則有

推論 24.7　設三點 P，Q，R 在直線 AB 的同側；Q 在弓形 $\overset{\frown}{APB}$ 內，R 在弓形 $\overset{\frown}{APB}$ 外，則 $\angle AQB > \angle APB > \angle ARB$。

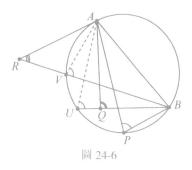

圖 24-6

證明　如圖 24-6，BR 和 $\overset{\frown}{APB}$ 交於 V，延長 BQ 和 $\overset{\frown}{APB}$ 交於 U，由三角形外角大於內對角以及同一個弓形所含的角相等，得到

$$\angle AQB > \angle AUB = \angle APB， \tag{24-6}$$

$$\angle ARB < \angle AVB = \angle APB， \tag{24-7}$$

即得所要的結論。證畢。

下面的推論很顯然：

推論 24.8　同一個弓形所含的弓形角相等。

推論 24.9　優弧所含的弓形角為銳角，劣弧所含的弓形角為鈍角，半圓所含的弓形角為直角。反之亦然。

下面的推論包含了一些先前已經掌握的知識。那時推證起來要費點力氣，現在則能夠輕鬆得到了。

推論 24.10　銳角三角形的外心在三角形內；鈍角三角形的外心在三角形外，與鈍角頂點分居於最長邊的兩側；直角三角形的外心在斜邊上。

推論 24.11　ΔABC 內接於直徑為 d 的圓中，圓周角 ACB 所對的弦長 AB 為

$$AB = d\sin\angle C。 \tag{24-8}$$

證明　如圖 24-7，作直徑 BD，則 $\angle BAD$ 是半圓所對的圓周角，故為直角；又由圓周角定理，同弧所對的 $\angle C = \angle D$。在直角 ΔBAD 中應用正弦與邊比關係有

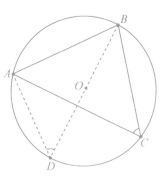

圖 24-7

$$\sin\angle C = \sin\angle D = \frac{AB}{BD} = \frac{AB}{d}, \qquad (24\text{-}9)$$

於是得 (24-8) 式，證畢。

我們用完全不同的方法又一次推出了正弦定理。

推論 24.12（正弦定理）　ΔABC 內接於直徑為 d 的圓中，則有

$$\frac{a}{\sin A} = \frac{b}{\sin B} = \frac{c}{\sin C} = d \qquad (24\text{-}10)$$

這使我們有了新的發現，原來正弦定理中三角形的邊和對角正弦的比值有一個鮮明的幾何意義，它等於三角形外接圓的直徑！

回顧前面推出的正弦定理 (4-1) 式中，角的正弦與對邊的比值為

$$\frac{2\Delta ABC}{abc} = \frac{\sin A}{a} = \frac{\sin B}{b} = \frac{\sin C}{c},$$

兩式比較即得

$$d = \frac{abc}{2\Delta ABC}, \qquad (24\text{-}11)$$

再用三角形面積等於底乘高的一半的公式，以 h_a 表示 ΔABC 在 BC 邊上的高，將 $2\Delta ABC = a h_a$ 代入 (24-11) 式，得到比較簡單的

$$d = \frac{bc}{h_a}, \qquad (24\text{-}12)$$

從而有

推論 24.13　三角形外接圓的直徑等於其任兩邊的乘積與第三邊上的高之比。

前面已經知道，經過不在一條直線上的三個點，有而且只有一個圓。

從三個點想到四個點，是提出問題的典型思路。

既然三個點已經確定了一個圓，這第四個點就不一定在前三個點所確定的圓上。於是問題的提法就應當是：在甚麼條件下第四個點在前三個點所確定的圓上？這裏點的先後順序可以任意安排，所以更簡單而且合理的問題是：四點共圓的條件是甚麼？

推論 24.14　若 C 和 D 在直線 AB 的同側，則 A，B，C，D 四點共圓的充分必要條件是 $\angle ACB = \angle ADB$。

證明　若 A，B，C，D 四點共圓且 C 和 D 在直線 AB 的同側，如圖 24-8，由圓周角定理，$\angle ACB = \angle ADB$，這證明了條件的必要性。

反過來，若 $\angle ACB = \angle ADB$ 且 C 和 D 在直線 AB 的同側，作 $\triangle ABC$ 的外接圓，如圖 24-9。由推論 24.7，點 D 在弓形 $\overset{\frown}{ACB}$ 內則 $\angle ACB < \angle ADB$；點 D 在弓形 $\overset{\frown}{ACB}$ 外則 $\angle ACB > \angle ADB$；都和條件 $\angle ACB = \angle ADB$ 矛盾，故點 D 在弓形 $\overset{\frown}{ACB}$ 上，這證明了條件的充分性。證畢。

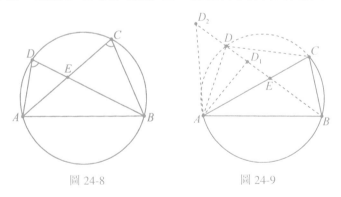

圖 24-8　　　　　　　圖 24-9

略加思考就知道，在圖 24-9 中，由條件 $\angle ACB = \angle ADB$ 可推出 $\triangle ADE$ 相似於 $\triangle BCE$，進而有 $\triangle ABE$ 相似於 $\triangle DCE$，於是 $\angle ACD = \angle ABD$，$\angle BDC = \angle BAC$，$\angle DAC = \angle DBC$；

從而有

$$\angle ADC + \angle ABC = \angle ADB + \angle BDC + \angle ABD + \angle DBC$$

$$= \angle ACB + \angle BAC + \angle ACD + \angle DAC$$

$$= \angle BCD + \angle BAD \text{。}$$

這表明四邊形 $ABCD$ 對角互補。由例 22.5 中所證明的，有一點 P 到 $ABCD$ 的四個頂點距離相等，即 A，B，C，D 四點共圓。

上面充分性的證明用了排除不可能情形的間接證法。能不能直接證明呢？

我們來試試。仍設 $\angle ACB = \angle ADB$ 且 C 和 D 在直線 AB 的同側。如果三角形 ABC 和 ABD 的外接圓半徑分別為 r 和 s，根據推論 24.11，應當有

$$2r \cdot \sin\angle ACB = AB = 2s \cdot \sin\angle ADB \text{，} \tag{24-13}$$

於是 $r = s$，即兩個三角形外接圓半徑都為 r。只要再證明兩個三角形外接圓的圓心重合即可。如圖 24-10 和 24-11，兩個三角形的外心都在 AB 的中垂線上，而且到 A 的距離等於半徑 r。如果 $\angle ACB = \angle ADB$ 為直角，兩個三角形的外心都是 AB 中點。如果它們不是直角，可能是外心的點只有兩個，圖中分別記作 O 和 P。根據推論 24.10，若 $\angle ACB = \angle ADB$ 為銳角，如圖 24-10，外心在三角形內，兩個三角形的外心只能是點 O；若 $\angle ACB = \angle ADB$ 為鈍角，如圖 24-11，外心在三角形外，兩個三角形的外心也只能是點 O，即 A，B，C，D 四點共圓。

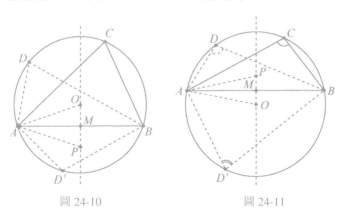

圖 24-10　　　　　　　　圖 24-11

推論 24.15　若 B 和 D 在直線 AC 的兩側，則 A，B，C，D 四點共圓的充分必要條件是 $\angle ABC$ 和 $\angle ADC$ 互補；或者說，$\angle ADC$ 等於 $\angle ABC$ 的外角。

證明　若 B 和 D 在直線 AC 的兩側，且 A，B，C，D 四點共圓，如圖 24-12；根據圓周角定理可得

$$\angle ADC + \angle ABC = \frac{1}{2}(\text{dg}(\widehat{ABC}) + \text{dg}(\widehat{ADC}))$$

$$= \frac{360°}{2} = 180° \; , \tag{24-14}$$

這時外角 $\angle EBC = 180° - \angle ABC = \angle ADC$。這證明了條件的必要性。

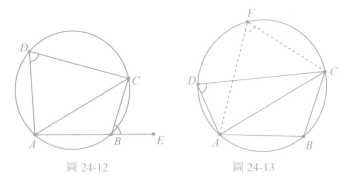

圖 24-12　　　　　　　　圖 24-13

反之，設 B 和 D 在直線 AC 的兩側且 $\angle ABC$ 和 $\angle ADC$ 互補；如圖 24-13，作三角形 ABC 的外接圓，在 $\angle ABC$ 所對的弧上取點 F，由已經證明的必要性知道 $\angle AFC$ 和 $\angle ABC$ 互補，所以 $\angle AFC = \angle ADC$。由推論 24.14，D 在三角形 ACF 的外接圓上，也就是三角形 ABC 的外接圓上；即 A，B，C，D 四點共圓。這證明了條件的充分性。證畢。

四個頂點在同一個圓上的四邊形叫做圓內接四邊形。上述推論可以簡單地表述為

推論 24.16　圓內接四邊形對角互補；並且任何一個外角等於它的內對角。反之，對角互補的四邊形是圓內接四邊形。

不用圓周角定理，能夠直接證明圓內接四邊形對角互補嗎？

其實，直接用等腰三角形兩底角相等的性質就能推出圓內接四邊形對角互補，只是注意分兩種情形來計算。

在圖 24-14 情形，圓心在四邊形內，由四邊形內角和為 $360°$ 有

$$2(\angle 1 + \angle 2 + \angle 3 + \angle 4) = 360° ，\tag{24-15}$$

所以

$$\angle BAD + \angle BCD = (\angle 1 + \angle 4) + (\angle 2 + \angle 3) = 180° 。\tag{24-16}$$

在圖 24-15 的情形，則有

$$2(\angle 2 + \angle 3 + \angle 4 - \angle 1) = 360° ，\tag{24-17}$$

所以

$$\angle BAD + \angle BCD = (\angle 2 - \angle 1) + (\angle 4 + \angle 3) = 180° 。\tag{24-18}$$

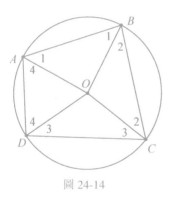

圖 24-14

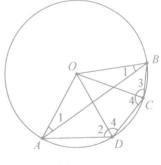

圖 24-15

兩種情形下都證明了所要的結論。

從圓內接四邊形對角互補出發，也能夠推出圓周角定理。

圓周角定理的推論暫時說到這裏。下一節的內容，仍然是圓周角定理的推論。

下面這個有趣的例子，把圓周角定理用得淋漓盡致。

【例 24.1】 如圖 24-16，任意五角星的五個角上各作一個外接圓。相鄰兩圓有一個新產生的交點，求證：這五個新的交點 K，L，M，N，P 在同一個圓上。

圖 24-16

證明 如圖 24-16

(1) $\angle AJK = \angle AFK$ ［圓周角定理；已知 A，J，F，K 共圓］；

(2) $\angle AFK = \angle BCK$ ［圓內接四邊形性質；已知 C，G，F，K 共圓］；

(3) $\angle AJK = \angle BCK$ ［等式傳遞；(1)、(2)］；

(4) B，J，K，C 共圓 ［圓內接四邊形條件；(3)］；

(5) B，J，N，C 共圓 ［與 (1) ~ (4) 同理］；

(6) B，N，J，K，C 共圓 ［三點定圓；(4)、(5)］；

以下如圖 24-17：

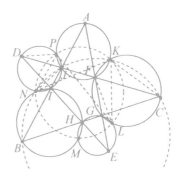

圖 24-17

(7) $\angle JNK = \angle JCK$ ［圓周角定理；(6)］；

(8) $\angle JCK = \angle FLK$ ［圓周角定理；已知 L，C，F，K 共圓］；

(9) $\angle JNK = \angle FLK$ ［等式傳遞；(7)、(8)］；

(10) $\angle FLP = \angle JNP$ ［與 (1) ~ (9) 同理］；

(11) $\angle PNK = \angle JNP + \angle JNK = \angle FLP + \angle FLK = \angle PLK$ ［等式相加；(9)、(10)］；

(12) N，P，K，L 共圓 ［四點共圓條件；(11)］；

（13）M，P，K，L 共圓〔與（1）～（12）同理〕；

（14）M，N，P，K，L 共圓〔三點定圓；（12）、（13）〕。證畢。

【例 24.2】 （托勒密定理）設 $ABCD$ 是圓內接四邊形，則

$$AB \cdot CD + AD \cdot BC = AC \cdot BD。 \tag{24-19}$$

證明 如圖 24-18，過 D 作 AC 的平行弦
DF，則由平行弦所夾弧相等和圓周角定理以
及等弧對等弦可得：$AD = CF$，$CD = AF$，以及

$$\begin{aligned}
\angle BEC &= \angle CAB + \angle ABD \\
&= \angle CAB + \angle ACD \\
&= \angle CAB + \angle CAF \\
&= \angle BAF，
\end{aligned}$$

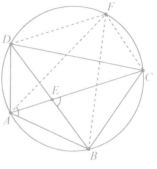

圖 24-18

於是

$$\begin{aligned}
AC \cdot BD \cdot \sin\angle BEC &= 2(\triangle ABC + \triangle ACD) \\
&= 2(\triangle ABC + \triangle ACF) \\
&= 2(\triangle BAF + \triangle BCF) \\
&= AB \cdot AF \cdot \sin\angle BAF + BC \cdot CF \cdot \sin\angle BCF \\
&= (AB \cdot CD + BC \cdot AD) \cdot \sin\angle BAF，
\end{aligned}$$

兩端約去 $\sin\angle BEC = \sin\angle BAF$，即得所要的結論。

【例 24.3】 （9 點圓）如圖 24-19，
$\triangle ABC$ 的三邊中點為 L，M，N；三高的垂
足為 D，E，F；三頂點到垂心連接線段
的中點為 P，Q，R。求證這九個點共圓。

證明 如圖 24-19，過三邊中點作
圓。連 MN，NL，LM，DN，RL，MR，

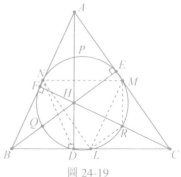

圖 24-19

則由三角形中位線定理，$MN \parallel BL$；同理 $ML \parallel BN$；故 $BLMN$ 為平行四邊形，$\angle NBD = \angle NML$。

又因 N 是直角三角形 BDA 斜邊 AB 的中點，故 $ND = NB$，$\angle NDB = \angle NBD$。

因此推出 $\angle NDB = \angle NML$，由圓內接四邊形條件得 D，L，M，N 共圓。

同理，E 和 F 也在 L，M，N 所確定的圓上。

再用三角形中位線定理得 $MR \parallel AH$，於是 $\angle RMN$ 為直角；同理 $\angle RLN$ 也為直角。可見 R，L，M，N 四點共圓。

同理，P 和 Q 也在 L，M，N 所確定的圓上。證畢。

習題 24.1　試用習題 4.3 所求證的等式 (4-3)，結合圖 24-20 導出例 24.2 所證的托勒密定理。

習題 24.2　以 AB 為弦的圓和平行四邊形 $ABCD$ 的兩邊 AD 和 BC 交於 E 和 F。求證：E，F，C，D 四點共圓。

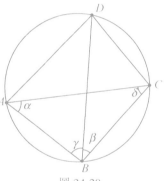

圖 24-20

習題 24.3　設四邊形 $ABCD$ 內接於圓，另一圓經過 A 和 B 且與 CB 和 DA 的延長線分別交於 E 和 F。求證：$CD \parallel EF$。

習題 24.4　求證：同圓的兩個內接三角形的面積比，等於其三邊乘積的比。

習題 24.5（密格爾定理）　如圖 24-21，四條直線兩兩相交構成四個三角形 ABE，ADF，BCD，CEF。求證：這四個三角形的外接圓交於一點。

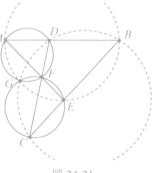

圖 24-21

25. 圓冪定理以及圓的其他性質

上面已經看到，關於圓的許多性質，其實在討論三角形和四邊形的時候我們已經知道了，只是圖上沒有把圓畫出來，文字敘述中沒有用到有關圓的術語而已。

作為勾股定理的簡單應用，習題 9.4 提供了這樣的命題：在等腰三角形 ABC 底邊 BC 所在直線上任取一點 P，則有

$$PB \cdot PC = |AB^2 - AP^2|。$$

這好像是一個普通的等式，沒有多大意義。可是把它和圓聯繫起來仔細考察，卻有非常豐富的內容。

把習題 9.4 換一個方式來表述，就成了

命題 25.1（圓冪定理） 在 $\odot A$ 的弦 BC 所在直線上任取一點 P，設 $\odot A$ 半徑為 r，$PA = d$，則有

$$PB \cdot PC = |d^2 - r^2|。 \tag{25-1}$$

這裏把「等腰三角形 ABC 底邊」換成「$\odot A$ 的弦」，腰長 AB 叫做半徑 r，PA 叫做 P 到圓心距離 d。實質相同，圖上添加一個圓，給我們的感覺卻大不相同，煥然一新了。

在 (25-1) 式中出現的量 $(d^2 - r^2)$ 叫做點 P 關於 $\odot A$ 的冪，P 在圓內時它是負數；P 在圓外時它等於 P 到圓的切線的平方，是正數；P 在圓上則它為 0。

命題的證明是簡單的。如圖 25-1，作出 BC 的中點 M，則不論點 P 是在線段 BC 上還是在它的延長線上，根據勾股定理得到

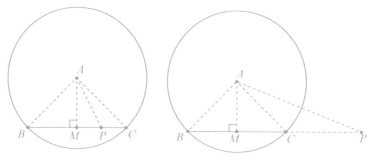

圖 25-1

$$PB \cdot PC = (MB + MP) \cdot |\, MC - MP\, |$$

$$= (MB + MP) \cdot |\, MB - MP\, |$$

$$= |\, MB^2 - MP^2\, |$$

$$= |\, (AB^2 - AM^2) - (AP^2 - AM^2)\, |$$

$$= |\, d^2 - r^2\, | \ \circ$$

　　仔細考察等式（25-1），發現一個令人驚訝的事實，就是它的右端 $|\, d^2 - r^2\, |$ 居然和弦 BC 無關！也就是説，如果過點 P 再作一條直線和圓交於 E 和 F，則乘積 $PE \cdot PF$ 仍然等於 $|\, d^2 - r^2\, |$。這個事實在不同的情形可以用不同的方式來表述。

　　當 P 在圓內，圓冪定理就是相交弦定理：

　　命題 25.2（相交弦定理）　圓內兩弦相交，被交點分成的兩條線段長的積相等。

　　當 P 在圓外，圓冪定理就是兩割線定理：

　　命題 25.3（兩割線定理）　圓內兩弦的延長線相交，被交點外分成的兩條線段長的積相等。

　　相交弦定理和兩割線定理的圖示分別如圖 25-2 和 25-3，兩者的表達同為

$$PA \cdot PB = PC \cdot PD \ \circ \tag{25-2}$$

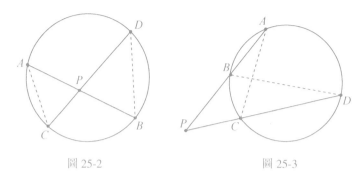

圖 25-2　　　　　　　　　　　圖 25-3

不用命題 25.1，也很容易證明這個等式：由圓周角定理得 $\angle A = \angle D$，又顯然有 $\angle APC = \angle DPB$，於是 $\triangle APC$ 相似於 $\triangle DPB$，從而

$$\frac{PA}{PC} = \frac{PD}{PB},$$

即 $PA \cdot PB = PC \cdot PD$。這證明適用於上面兩種情形。

也可以用正弦定理簡單地推導

$$\frac{PA}{PC} = \frac{\sin\angle PCA}{\sin\angle PAC} = \frac{\sin\angle PBD}{\sin\angle PDB} = \frac{PD}{PB} \, 。 \tag{25-3}$$

用共角定理也能證明 (25-2) 式，讀者不妨一試。

從 (25-2) 式中表面上只能看出兩個乘積相等，不知道它們等於多少；而 (25-1) 式提供了更多的信息，知道它們等於 $|d^2 - r^2|$。其實，認真想一想，既然 AB 和 CD 是經過 P 點的任意弦，就可以取一條容易計算的特殊的弦把這個乘積算出來。例如，取一條通過圓心的弦來計算，就容易求出結果 $|d^2 - r^2|$ 來。

如果兩條割線中有一條距離圓心逐漸變遠，當它到圓心的距離等於半徑時，這條割線就變成了切線，上述命題就成了切割線定理。

命題 25.4（切割線定理）　從圓外一點引圓的切線和割線，則切線的平方等於此點到割線與圓的兩交點距離的乘積。

切割線定理的圖示如圖 25-4，其
表達為

$$PA \cdot PB = PC^2 \text{。} \qquad (25\text{-}4)$$

將圓冪定理（命題 25.1）和切線長公
式（23-5）聯繫起來，立刻得 (25-4) 式。

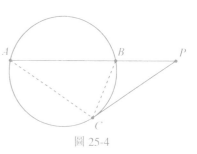

圖 25-4

不用命題 25.1，也很容易證明這個等式：由圓周角定理和弦切
角定理得 $\angle A = \angle BCP$，又顯然有 $\angle APC = \angle CPB$，於是 $\triangle APC$ 相似於
$\triangle CPB$，從而

$$\frac{PA}{PC} = \frac{PC}{PB} \text{，}$$

即 $PA \cdot PB = PC^2$。

容易推出，上面幾個命題不僅是四點共圓的性質，也是四點共圓
的充分條件。例如：

命題 25.5　兩線段 AB
和 CD 相交於 P。若 $PA \cdot PB =$
$PC \cdot PD$，則 A，B，C，D 四
點共圓。

證明很簡單。參看圖
25-2，由條件 $PA \cdot PB = PC \cdot$
PD 得

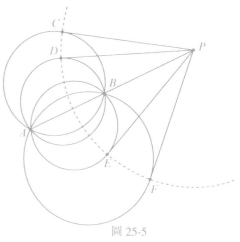

圖 25-5

$$\frac{PA}{PC} = \frac{PD}{PB} \text{，}$$

又顯然有 $\angle APC = \angle DPB$，於是 $\triangle APC$ 相似於 $\triangle DPB$，從而
$\angle CAB = \angle CDB$，這證明了 A，B，C，D 四點共圓。

更直接的證明方法是作 $\triangle ABC$ 的外接圓，作出圓和直線 CD 的交點 E。根據相交弦定理有

$$\frac{PA}{PC} = \frac{PE}{PB} ,$$

故 $PE = PD$，從而 D 和 E 重合，即 A，B，C，D 四點共圓。

【例 25.1】 如圖 25-5，過 A 和 B 兩點作四個圓，自 AB 延長線上一點 P 作各圓的切線，切點分別為 C，D，E，F，求證這四個切點共圓。

證明 由切割線定理得

$$PA \cdot PB = PC^2 = PD^2 = PE^2 = PF^2 。$$

所以 $PC = PD = PE = PF$，這表明 C，D，E，F 在以 P 為心、PC 為半徑的圓上。證畢。

【例 25.2】（蝴蝶定理） 設圓內三弦 AB，CD，EF 相交於 AB 的中點 M，弦 DE 和 CF 分別與 AB 交於 G 和 H（圖 25-6）。

求證：$MG = MH$。

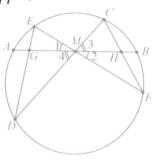

圖 25-6

證明 如圖 25-6，有 $\angle D = \angle F$，$\angle E = \angle C$，$\angle 1 = \angle 2$，$\angle 3 = \angle 4$。用共角定理，再用相交弦定理得

$$1 = \frac{\triangle MGE}{\triangle MHF} \cdot \frac{\triangle MHF}{\triangle MGD} \cdot \frac{\triangle MGD}{\triangle MHC} \cdot \frac{\triangle MHC}{\triangle MGE}$$

$$= \frac{ME \cdot MG}{MF \cdot MH} \cdot \frac{MF \cdot HF}{MD \cdot GD} \cdot \frac{MD \cdot MG}{MC \cdot MH} \cdot \frac{MC \cdot HC}{ME \cdot GE} \text{（共角定理）}$$

$$= \frac{MG^2}{MH^2} \cdot \frac{HF \cdot HC}{GD \cdot GE} = \frac{MG^2}{MH^2} \cdot \frac{HA \cdot HB}{GA \cdot GB} \text{（相交弦定理）}$$

$$= \frac{MG^2}{MH^2} \cdot \frac{(MA + MH) \cdot (MB - MH)}{(MA - MG) \cdot (MB + MG)}$$

$$= \frac{MG^2}{MH^2} \cdot \frac{(MA^2 - MH^2)}{(MA^2 - MG^2)} \quad (MA = MB) ,$$

所以

$$MG^2(MA^2 - MH^2) = MH^2(MA^2 - MG^2)，$$

整理得到 $MG^2 = MH^2$，證畢。

習題 25.1　在例 25.2 中，如果 G 和 H 在圓外（如圖 25-7），試證明同樣的結論。

習題 25.2　圓內相互垂直的兩弦 AB 和 CD 交於 E。過 E 作 AD 的垂線，交 AD 於 F，交 BC 於 G（如圖 25-8）。求證：G 是 BC 中點。

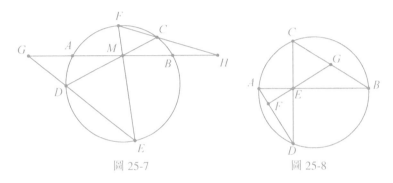

圖 25-7　　　　　　　　圖 25-8

26. 正切和餘切

圓冪定理的關鍵常數是點到圓的冪，當點在圓外時就是切線長的平方。下面從另一個角度看切線長。

命題 26.1　自圓外一點 P 引兩切線 PA 和 PB。A 和 B 為切點，$\overset{\frown}{AB}$ 所對的圓周角為 α，圓半徑為 r，則有

$$PA = \frac{r \cdot \sin\alpha}{\cos\alpha}。 \tag{26-1}$$

證明　如圖 26-1，由弦切角定理和圓周角定理，$\angle PAB = \angle PBA = \angle ACB = \alpha$。應用面積公式得

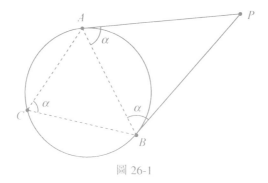

圖 26-1

$$PA \cdot AB \cdot \sin\alpha = 2\Delta PAB = PA \cdot PB \cdot \sin(180° - 2\alpha) \, , \qquad (26\text{-}2)$$

再用弦長公式 $AB = 2r\sin\alpha$ 和倍角公式 $\sin 2\alpha = 2\sin\alpha \cdot \cos\alpha$ 以及 $PA = PB$ 得

$$PA = \frac{AB \cdot \sin\alpha}{\sin 2\alpha} = \frac{2r \cdot (\sin\alpha)^2}{2\sin\alpha \cdot \cos\alpha} = \frac{r \cdot \sin\alpha}{\cos\alpha} \, 。 \qquad (26\text{-}3)$$

命題得證。

上面在計算切線時，出現了比值 $\sin\alpha / \cos\alpha$，這是一個很有用的比，數學中特別給它一個專用的符號 $\tan\alpha$：

定義 26.1　對於 $0° \leq \alpha \leq 180°$，$\alpha \neq 90°$，比值 $\sin\alpha / \cos\alpha$ 叫做角 α 的正切，記作 $\tan\alpha$。

對應地，還有

定義 26.2　對於 $0° < \alpha < 180°$，比值 $\cos\alpha / \sin\alpha$ 叫做角 α 的餘切，記作 $\cot\alpha$。

關於正切和餘切，有

命題 26.2　正切和餘切的基本性質：

(i)　倒數關係：$\tan\alpha \cdot \cot\alpha = 1$ ($\alpha \neq 0°$，$90°$，$180°$)；

(ii)　餘角關係：當 $0° < \alpha \leq 90°$ 時有 $\cot\alpha = \tan(90° - \alpha)$，

　　　當 $90° \leq \alpha < 180°$ 時有 $\cot\alpha = -\tan(\alpha - 90°)$；

（iii）補角關係：$\tan(180° - \alpha) = -\tan\alpha\,(\alpha \neq 90°)$，

$\qquad\qquad \cot(180° - \alpha) = -\cot\alpha\,(\alpha \neq 0°, 180°)$；

（iv）若 $\angle ACB$ 為直角，則在直角 $\triangle ABC$ 中

$$\tan A = \cot B = \frac{a}{b}, \quad \tan B = \cot A = \frac{b}{a};$$

（v）增減性：當 $0° \leq \alpha < \beta < 90°$ 或 $90° < \alpha < \beta \leq 180°$ 時，$\tan\alpha < \tan\beta$；當 $0° < \alpha < \beta < 180°$ 時，$\cot\alpha > \cot\beta$。

這些性質都容易從正弦和餘弦的性質推出，請讀者自行驗證。

前面說過，餘弦是餘角的正弦；這裏，餘切是餘角的正切。

有了正切的記號，切線長公式（26-1）可以寫成更簡單的

$$PA = r\tan\alpha, \tag{26-4}$$

這個公式也說明了「正切」這個詞的來歷。

按傳統的習慣，銳角正切（餘切）是在直角三角形中用銳角的對邊和鄰邊的比值（鄰邊和對邊的比值）來定義的。鈍角的正切（餘切）則用另外的方法定義。我們這裏用正弦和餘弦來定義，可以同時定義銳角和鈍角的正切和餘切，並且可以用正弦餘弦的性質方便地推出正切和餘切的性質。

命題 26.3（正切和差角公式） 對於使得下列運算式有意義的 A 和 B，有

$$\tan(A + B) = \frac{\tan A + \tan B}{1 - \tan A \cdot \tan B}, \tag{26-5}$$

$$\tan(A - B) = \frac{\tan A - \tan B}{1 + \tan A \cdot \tan B}。 \tag{26-6}$$

證明 按定義並應用正弦和角公式和餘弦和角公式有

$$\tan(A + B) = \frac{\sin(A + B)}{\cos(A + B)}$$

$$= \frac{\sin A \cdot \cos B + \cos A \cdot \sin B}{\cos A \cdot \cos B - \sin A \cdot \sin B}$$

$$= \frac{\tan A + \tan B}{1 - \tan A \cdot \tan B} \ ,$$

這證明了正切和角公式。類似地有

$$\tan(A - B) = \frac{\sin(A - B)}{\cos(A - B)}$$

$$= \frac{\sin A \cdot \cos B - \cos A \cdot \sin B}{\cos A \cdot \cos B + \sin A \cdot \sin B}$$

$$= \frac{\tan A - \tan B}{1 + \tan A \cdot \tan B} \ 。$$

證畢。

命題 26.4（餘切和差角公式） 對於使下列運算式有意義的 A 和 B，有

$$\cot(A + B) = \frac{\cot A \cdot \cot B - 1}{\cot A + \cot B} \ , \qquad (26\text{-}7)$$

$$\cot(A - B) = \frac{\cot A \cdot \cot B + 1}{\cot B - \cot A} \ , \qquad (26\text{-}8)$$

證明 按定義並應用正弦和角公式和餘弦和角公式有

$$\cot(A + B) = \frac{\cos(A + B)}{\sin(A + B)}$$

$$= \frac{\cos A \cdot \cos B - \sin A \cdot \sin B}{\sin A \cdot \cos B + \cos A \cdot \sin B}$$

$$= \frac{\cot A \cdot \cot B - 1}{\cot A + \cot B} \ ,$$

這證明了餘切和角公式。類似地有

$$\cot(A - B) = \frac{\cos(A - B)}{\sin(A - B)}$$

$$= \frac{\cos A \cdot \cos B + \sin A \cdot \sin B}{\sin A \cdot \cos B - \cos A \cdot \sin B}$$

$$= \frac{\cot A \cdot \cot B + 1}{\cot B - \cot A} \, \text{。}$$

證畢。

　　從特殊角的正弦和餘弦的值，可以求出其正切和餘切的值。

　　命題 26.5　特殊角的正切和餘切的值，如表 26-1。

表 26-1　特殊角的正切和餘切

tan	0°	30°	45°	60°	90°	120°	135°	150°	180°
cot	90°	60°	45°	30°	0°, 180°	150°	135°	120°	90°
	0	$\dfrac{\sqrt{3}}{3}$	1	$\sqrt{3}$	無意義	$-\sqrt{3}$	-1	$\dfrac{-\sqrt{3}}{3}$	0

根據正弦和餘弦的勾股關係，容易推出正切、餘切和正弦餘弦間的勾股關係。

　　命題 26.6　對於使得下列運算式有意義的 A，正切、餘切和正弦、餘弦間有下列關係：

$$1 + \tan^2 A = \frac{1}{\cos^2 A} \, , \tag{26-9}$$

$$1 + \frac{1}{\tan^2 A} = \frac{1}{\sin^2 A} \, , \tag{26-10}$$

$$1 + \cot^2 A = \frac{1}{\sin^2 A} \, , \tag{26-11}$$

$$1 + \frac{1}{\cot^2 A} = \frac{1}{\cos^2 A} \, \text{。} \tag{26-12}$$

證明　應用定義和正弦與餘弦的勾股關係得

$$\tan^2 A = \frac{\sin^2 A}{\cos^2 A} = \frac{1 - \cos^2 A}{\cos^2 A} = \frac{1}{\cos^2 A} - 1 \text{ ,}$$

移項得（26-9）式。類似地有

$$\tan^2 A = \frac{\sin^2 A}{\cos^2 A} = \frac{\sin^2 A}{1 - \sin^2 A} \text{ 。}$$

兩端取倒數再移項得（26-10）式。從（26-9）和（26-10）式用正切和餘切的倒數關係得其餘兩式。

正切的重要應用，是用來定量描述斜坡傾斜程度。如圖 26-2，堤壩的頂部邊緣到同側堤腳的水平距離為 6m，垂直高差為 2m，則描述堤坡傾斜程度的斜率為

$$\frac{2}{6} = \frac{1}{3} \text{ ,}$$

這斜率正是堤坡平面和水平地平面所成的二面角 $\angle BAD$ 的正切。

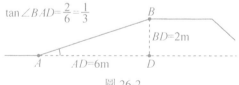

圖 26-2

類似於正弦，用正切表或計算機可以查出角的正切值，或根據角的正切值求角度。如果不用正切的概念和記號，在圖 26-2 中已知 AD 和 BD，求堤坡平面和水平地平面所成的二面角 $\angle BAD$ 時，要先用勾股定理求出 ΔABD 的斜邊 $AB = \sqrt{2^2 + 6^2}\,(\text{m}) = 2\sqrt{10}\,(\text{m})$，再用等式

$$\sin \angle BAD = \frac{BD}{AB} = \frac{1}{\sqrt{10}} \approx 0.3162 \text{ ,}$$

用計算機查出 $\angle BAD \approx 18.43°$。若使用正切的概念和記號，可以直接用

等式

$$\tan\angle BAD = \frac{BD}{AD} = \frac{1}{3} \approx 0.3333,$$

同樣用計算機查出 $\angle BAD \approx 18.43°$。可見引入正切在有些情形可以簡化計算過程。

【例 26.1】 在圖 26-3 中，$\odot O$ 半徑為 1，OA 和 OC 是 $\odot O$ 的相互垂直的兩條半徑，FA 是切線，FO 和圓交於 B，過 C 的切線和 FO 交於 E。試指出圖中哪些線段的長度分別等於 $\angle BOA = \alpha$ 的正弦、餘弦、正切和餘切的值。

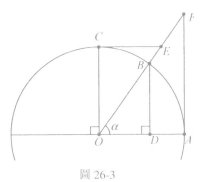

圖 26-3

解 注意到 $OA = OB = OC = 1$，根據直角三角形中銳角的正弦、餘弦、正切和餘切與邊長比的關係，得到

$$\sin\alpha = \frac{BD}{OB} = BD, \cos\alpha = \frac{OD}{OB} = OD,$$

再注意有 $\triangle ODB \sim \triangle OAF \sim \triangle ECO$ 可得

$$\tan\alpha = \frac{AF}{OA} = AF,$$

$$\cot\alpha = \frac{OD}{BD} = \frac{CE}{OC} = CE。$$

【例 26.2】 利用正切和角公式，計算

$$(\sqrt{3} + \tan7°) \cdot (\sqrt{3} + \tan23°)。$$

解 注意到 $7° + 23° = 30°$ 是特殊角，設所求值為 x，展開便得

$$x = 3 + \sqrt{3}\,(\tan7° + \tan23°) + \tan7° \cdot \tan23°。 \tag{26-13}$$

用正切和角公式，有

$$\frac{\tan 7° + \tan 23°}{1 - \tan 7° \cdot \tan 23°} = \tan(7° + 23°) = \tan 30° = \frac{1}{\sqrt{3}} , \qquad (26\text{-}14)$$

所以

$$\sqrt{3}\,(\tan 7° + \tan 23°) = 1 - \tan 7° \cdot \tan 23° 。 \qquad (26\text{-}15)$$

將（26-15）式代入（26-13）式得 $x = 4$，所以

$$(\sqrt{3} + \tan 7°) \cdot (\sqrt{3} + \tan 23°) = 4 。$$

習題 26.1　在圖 26-4 中，$AB = 1$，以 AB 為直徑作圓，在圓上取不同於 A 和 B 的點 C，過 A 點的切線和直線 BC 交於 D，過 B 點的切線和直線 AC 交於 E。試指出圖中哪些線段的長度分別等於 $\angle ABC = \beta$ 的正弦、餘弦、正切和餘切的值。

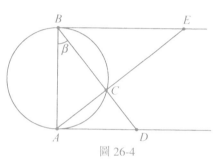

圖 26-4

習題 26.2　設 $20° \le A \le 60°$，計算

$$(1 - \cot(A + 29°)) \cdot (1 + \cot(A - 16°)) 。$$

27. 兩個圓的關係

前面討論過圓和點的關係以及圓和直線的關係。在對圓的性質有了較多了解的基礎上，可以進一步討論兩個圓的關係。

在討論圓和直線的關係時，我們從圓心向直線引垂足，把圓和直線的關係歸結為圓和點的關係，這個辦法能不能用來討論圓和圓的關係？

如圖 27-1，考慮 $\odot P$ 和 $\odot Q$ 的關係。不妨設 $\odot P$ 的半徑 R 大於 $\odot Q$ 的半徑 r。連接兩圓圓心的直線 PQ 叫做連心線，它和 $\odot Q$ 交於兩點 A 和 B，這兩點和 $\odot P$ 的關係，標誌了 $\odot Q$ 和 $\odot P$ 的關係。

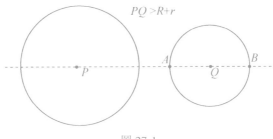

圖 27-1

容易看出有五種情形：

（1）$PQ > R + r$，A 和 B 兩點都在 $\odot P$ 之外，兩圓沒有公共點，如圖 27-1，叫做兩圓外離；

（2）$PQ = R + r$，A 在 $\odot P$ 上而 B 在 $\odot P$ 之外，兩圓有一個公共點 A，如圖 27-2，叫做兩圓外切於 A，點 A 叫做切點；

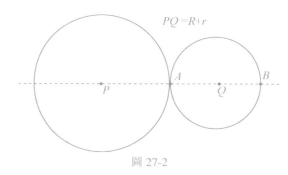

圖 27-2

（3）$R - r < PQ < R + r$，A 在 $\odot P$ 內而 B 在 $\odot P$ 之外，兩圓有 2 個公共點 C 和 D，如圖 27-3，叫做兩圓相交於 C 和 D，點 C 和 D 都叫做兩圓的交點；

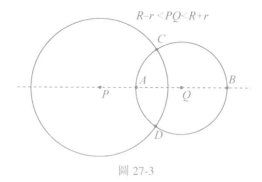

$$R{-}r < PQ < R{+}r$$

圖 27-3

（4）$PQ = R - r$，A 在 $\odot P$ 之內而 B 在 $\odot P$ 上，兩圓有一個公共點 B，如圖 27-4，叫做兩圓內切於 B，點 B 叫做切點（如果兩圓半徑相等，則 $PQ = 0$，兩圓重合）；

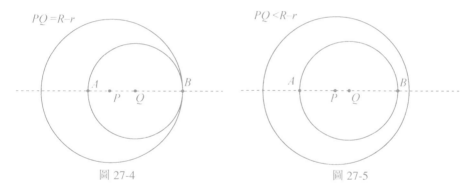

圖 27-4　　　　　　　　　　　圖 27-5

（5）$PQ < R - r$，A 和 B 兩點都在 $\odot P$ 之內，兩圓沒有公共點，如圖 27-5，叫做兩圓內離。

當兩圓 $\odot P$ 和 $\odot Q$ 相交時，如圖 27-6，兩圓心和兩交點構成箏形 $PCQD$，這時 PQ 顯然垂直平分 CD。亦即有

命題 27.1　相交兩圓的連心線垂直平分其公共弦。

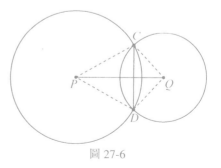

圖 27-6

189

如果兩圓相切，如圖 27-2 和 27-4，則顯然有

命題 27.2　相切兩圓的連心線通過其切點。

事實上，如果外切的兩圓連心線不過切點，由三角形不等式，兩半徑之和就大於兩圓心的距離；如果內切的兩圓連心線不過切點，由三角形不等式，兩半徑之差就小於兩圓心的距離；都和前述條件矛盾。

下面來討論兩圓的公切線問題。

和兩個圓相切的直線叫做兩圓的公切線。若兩圓在公切線的同側，如圖 27-7，則稱為外公切線；若兩圓在公切線的異側，如圖 27-8，則稱為內公切線。同一條公切線上兩個切點間的距離，叫做公切線的長。

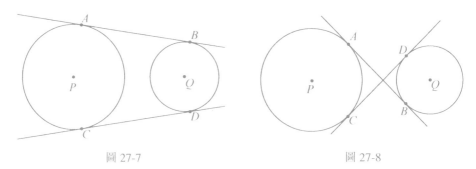

圖 27-7　　　　　　　　　　　　　　圖 27-8

應用勾股定理，如圖 27-9 和圖 27-10，容易推出計算公切線長度的公式。

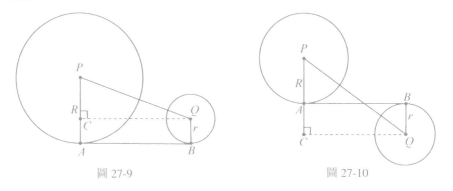

圖 27-9　　　　　　　　　　　　　　圖 27-10

命題 27.3（公切線長度公式） 設兩圓半徑分別為 R 和 r，兩圓心距離為 d，則外公切線長為

$$L = \sqrt{d^2 - (R - r)^2}, \tag{27-1}$$

內公切線長為

$$l = \sqrt{d^2 - (R + r)^2}。 \tag{27-2}$$

這兩個公式的推導分別看圖 27-9 和 27-10 便清楚了。

　　從這兩個公式看出

命題 27.4（公切線的性質） （1）兩圓的外公切線長度相等，內公切線長度也相等；（2）當 $d < R + r$ 時，即兩圓相交時，沒有內公切線；（3）當 $d < R - r$ 時，即兩圓內離時，沒有外公切線；（4）當 $d = R + r$ 時，即兩圓外切時，內公切線長度為 0，即兩圓的內公切線和兩圓相切於同一點，此點是兩圓的切點，如圖 27-11；（5）當 $d = R - r$ 時，即兩圓內切時，外公切線長度為 0，即兩圓的外公切線和兩圓相切於同一點，此點是兩圓的切點，如圖 27-12。

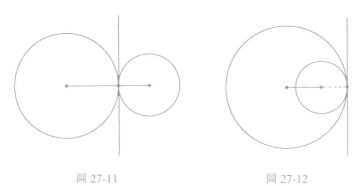

圖 27-11　　　　　　　　　　　　圖 27-12

　　圖 27-9 和 27-10 不但說明了公切線長度的計算方法，也提示了如何在圖上作出兩圓的公切線。

　　顯然，在圖 27-9 中，只要確定了點 C，就能作出切點 A 和 B。因

為 ∠PCQ 為直角，故 C 在以 PQ 為直徑的圓上；又因為 PC = R − r，所以 C 又在以 P 為心、半徑為 R − r 的圓上。如圖 27-13，這兩個圓有兩個交點 C 和 D。作 PC 和 PD 分別和 ⊙P 交於兩點 A 和 E，再過 Q 作 PA 的平行線和 ⊙Q 交於 B，作 PE 的平行線和 ⊙Q 交於 F，即可作出兩條外公切線 AB 和 EF。

　　類似地，在圖 27-10 中，只要確定了點 C，也能作出切點 A 和 B。因為 ∠PCQ 為直角，故 C 在以 PQ 為直徑的圓上；又因為 PC = R + r，所以 C 又在以 P 為心、半徑為 R + r 的圓上。如圖 27-14，這兩個圓有兩個交點 C 和 D。作 PC 和 PD 分別和 ⊙P 交於兩點 A 和 E，再過 Q 作 PA 的平行線和 ⊙O 交於 B，作 PE 的平行線和 ⊙Q 交於 F，即可作出兩條內公切線 AB 和 EF。

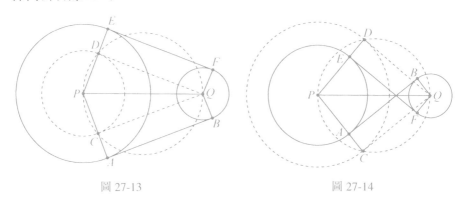

圖 27-13　　　　　　　　　　　　　圖 27-14

　　當然，如果使用數學繪圖軟件，簡單地執行一個功能表（Menu）命令即可作出兩圓的公切線。若用免費版本，可用文本作圖命令實現這一操作。

　　根據上面的分析可知五種情形下兩圓的公切線的條數：①兩圓內離，沒有公切線；②兩圓內切，一條外公切線；③兩圓相交，兩條外公切線；④兩圓外切，兩外一內共三條公切線；⑤兩圓外離切，兩外

兩內共四條公切線。

【例 27.1】 已知⊙P 和⊙Q 交於兩點 A 和 B，兩圓的半徑分別為 R 和 r，圓心距 $PQ = d$，求公共弦 AB 的長度和 $\cos\angle PAQ$（圖 27-15）。

解 如圖 27-15，設 PQ 交 AB 於 C。因連心線垂直平分公共弦 AB，故 $AB = 2AC$，且 AC 垂直於 PQ。由餘弦定理

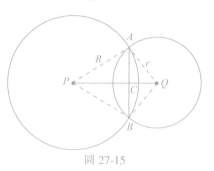

圖 27-15

$$\cos\angle APQ = \frac{R^2 + d^2 - r^2}{2Rd}, \quad (27\text{-}3)$$

所以

$$PC = R \cdot \cos\angle APQ = \frac{R^2 + d^2 - r^2}{2d}, \qquad (27\text{-}4)$$

$$AC = \sqrt{R^2 - PC^2} = \sqrt{R^2 - \left(\frac{R^2 + d^2 - r^2}{2d}\right)^2}$$

$$= \frac{\sqrt{(r^2 - (R-d)^2)((R+d)^2 - r^2)}}{2d},$$

所以

$$AB = 2AC = \frac{\sqrt{(r^2 - (R-d)^2)((R+d)^2 - r^2)}}{d}。 \qquad (27\text{-}5)$$

再用餘弦定理得

$$\cos\angle PAQ = \frac{R^2 + r^2 - d^2}{2R \cdot r}。 \qquad (27\text{-}6)$$

【例 27.2】 如圖 27-16，⊙A，⊙B，⊙C 兩兩外切，並且都和同一條直線相切，切點順次為 D，E，F。設三圓的半徑順次為 a，b，c，求證

$$\frac{1}{\sqrt{a}} + \frac{1}{\sqrt{c}} = \frac{1}{\sqrt{b}} \, 。 \tag{27-7}$$

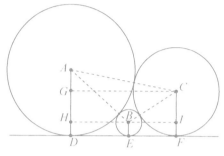

圖 27-16

證明　如圖，自 C 向 AD 引垂足 G，自 B 分別向 AD 和 CF 引垂足 H 和 I。應用勾股定理得

$$DF = GC = \sqrt{AC^2 - AG^2}$$
$$= \sqrt{(a+c)^2 - (a-c)^2} = 2\sqrt{ac} \, , \tag{27-8}$$

$$DE = HB = \sqrt{AB^2 - AH^2}$$
$$= \sqrt{(a+b)^2 - (a-b)^2} = 2\sqrt{ab} \, , \tag{27-9}$$

$$EF = BI = \sqrt{BC^2 - CI^2}$$
$$= \sqrt{(b+c)^2 - (c-b)^2} = 2\sqrt{bc} \, , \tag{27-10}$$

由 DE + EF = DF 得

$$\sqrt{ab} + \sqrt{bc} = \sqrt{ac} \, , \tag{27-11}$$

两端同用 $\sqrt{abc}$ 除，即得所要證的等
式。證畢。

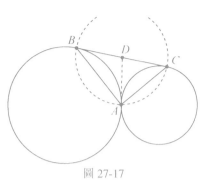

圖 27-17

【例 27.3】 如圖 27-17，兩圓外
切於 A，並且分別和同一條直線相切
於 B 和 C。已知 AB 和 AC 的長度，求
BC 的長度。

解 過 A 作兩圓的內公切線和
BC 交於 D，由切線長定理得 $DB = DA = DC$，故點 A 在以 BC 為直徑的
圓上，從而 $\angle BAC$ 為直角。應用勾股定理得

$$BC = \sqrt{AB^2 + AC^2}\text{。} \tag{27-12}$$

【例 27.4】 如圖 27-18，兩圓的兩條外公切線分別為 AB 和 CD，
這裏 A，B，C，D 都是切點。一條內公切線與兩圓分別切於 E 和 F，
與兩條外公切線分別交於 P 和 Q。已知 $AB = 10$，求 PQ。

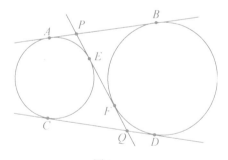

圖 27-18

解 由切線長定理，$PA = PE$，$PB = PF$，$QD = QF$，$QC = QE$。
四個等式相加得

$$PA + PB + QD + QC = PE + PF + QF + QE\text{，}$$

亦即

$$AB + CD = 2PQ\text{。} \tag{27-13}$$

195

又由 $CD = AB = 10$，得 $PQ = 10$。

習題 27.1　已知 ΔABC 的三邊 $AB = 7$，$BC = 9$，$CA = 8$。又 $\odot A$，$\odot B$，$\odot C$ 兩兩外切，求此三圓的半徑。

習題 27.2　如圖 27-19，已知 $\odot L$ 內切 $\odot O$ 於 C，並且與 $\odot O$ 的直徑 AB 切於點 O；$\odot M$ 內切於 $\odot O$，外切於 $\odot L$，並且與 $\odot O$ 的直徑 AB 切於點 D；已知 $AB = 16$，求 $\odot L$ 和 $\odot M$ 的半徑。

習題 27.3　如圖 27-20，已知 $\odot O$ 的直徑為 20，自 P 向 $\odot O$ 作兩切線分別與 $\odot O$ 切於 A 和 B，兩切線夾角 $\angle APB = 2\beta$。較小的 $\odot Q$ 和 $\odot O$，PA，PB 都相切。求 $\odot Q$ 的半徑。

習題 27.4　半徑為 1 的三圓兩兩外切，$\odot O$ 和此三圓相切，求其半徑。

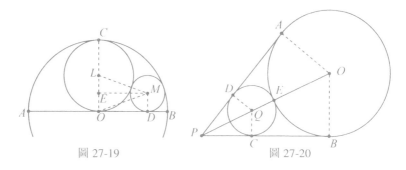

圖 27-19　　　　　　　圖 27-20

28. 圓的內接和外切多邊形

頂點都在同一個圓上的多邊形叫做圓內接多邊形；該圓則叫做這個多邊形的外接圓。各邊都與同一個圓相切的多邊形叫做圓外切多邊形；該圓則叫做這個多邊形的內切圓。

我們已經知道，三角形有唯一的外接圓。

四邊形不一定有外接圓。有外接圓的四邊形要滿足一定的條件，

這些條件在 24、25 節分別做了敘述和論證，總結起來就是

命題 28.1　圓內接四邊形的特徵性質

(1) 對角互補；

(2) 外角等於內對角；

(3) 一條邊的兩端關於對邊的視角相等；

(4) 兩條對角線互相分成的兩線段乘積相等。

下面來討論圓的外切多邊形。

外切關係和內接關係有相同點，也有不同點。

圓心到圓內接多邊形各頂點距離相等，到圓外切多邊形各邊距離相等，都是用距離相等來描述的幾何關係。

到各頂點距離相等，當然到其中任兩點距離相等。到兩點距離相等的點都在連接此兩點的線段的中垂線上，所以，圓內接多邊形的外接圓的圓心，就是各邊的中垂線的公共點。

到各邊距離相等，當然到其中任兩鄰邊距離也相等。到兩鄰邊距離相等的點都在這兩邊的夾角的分角線上（例 5.4）。所以，圓外切多邊形的內切圓的圓心，就是多邊形各角的分角線的公共點。

我們已經知道（命題 18.10），三角形的三條分角線交於一點，此點叫做該三角形的內心，內心到三邊的距離相等。於是有

命題 28.2　任意三角形有唯一的內切圓，其圓心是三角形的內心，圓半徑等於內心到邊的距離（圖 28-1）。

考察了三角形的內切圓，自然想到四邊形的內切圓。

有外接圓的四邊形要滿足一定的條件，有內切圓的四邊形也要滿足一定的條件。

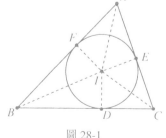

圖 28-1

觀察圖 28-2 中的圓外切四邊形，根據切線長定理有 $AF = AE$，$BF = BG$，$CH = CG$ 和 $DH = DE$。四個等式相加得到 $AB + CD = BC + AD$。於是有圓外切四邊形的必要條件：

圓外切四邊形一組對邊長之和等於另一組對邊長之和。

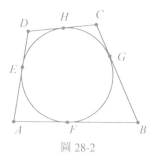

圖 28-2

下面證明，上面給出的必要條件也是圓外切四邊形的充分條件。

若四邊形一組對邊長之和等於另一組對邊長之和，則此四邊形必有內切圓。

如圖 28-3，四邊形 $ABCD$ 中有 $AB + CD = BC + AD$。作 $\angle A$ 和 $\angle B$ 的角平分線的交點 E，自 E 向四邊 AB，BC，CD，DA 引垂足 F，G，H，I，則 $EF = EG = EI$。於是只要證明 $EH = EG$ 即可。

注意，前面例 22.6 已經給出了這件事的證明，所用的方法是間接證法。

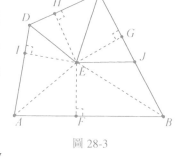

圖 28-3

下面再給出一個直接證法。

如圖 28-3，在 BG 上取點 J，使得 $GJ = DI$，我們的策略是證明 $\triangle DEC \cong \triangle JEC$，由全等三角形對應高相等推出 $EH = EG$。

首先，$\triangle DEC$ 和 $\triangle JEC$ 有公共邊 $EC = EC$；

其次，已知 $\triangle EGJ \cong \triangle EID$，從而 $EJ = ED$。

最後，由條件 $AB + CD = BC + AD$ 以及由分角線性質推出 $AF = AI$，$BF = BG$，從而得到

$$CD = BC + AD - AB = BC + AD - (AI + BG)$$

$$= CG + DI = CG + GJ = CJ \text{。} \tag{28-1}$$

根據「邊、邊、邊」判定法則，得 $\triangle DEC \cong \triangle JEC$。圓外切四邊形充分條件獲證。

上述證明事實上假定了點 E 在四邊形 $ABCD$ 內部，如果不然，可以推出 $AD + BC < AB$，從而和條件矛盾，這一點留給讀者作為練習來證明。

現在我們得到了

命題 28.3（圓外切四邊形的特徵性質） 四邊形有內切圓的充分必要條件，是兩組對邊長度之和相等。

從上面的討論看出，邊數更多的圓內接或外切多邊形，需要滿足更多的條件。下面我們不再探討這些條件，而是把注意力轉向一類有廣泛應用的多邊形，即正多邊形，這類多邊形既是圓內接多邊形，也是圓外切多邊形。

所謂正多邊形，是指各邊相等且各角也相等的多邊形。我們最熟悉的正多邊形是正三角形和正方形。此外，正五邊形、正六邊形、正八邊形也是實際應用中常見的正多邊形。

正多邊形和圓有密切的關係。

命題 28.4 各邊相等的圓內接多邊形是正多邊形。

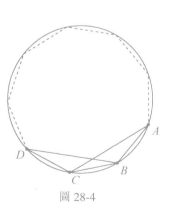

要證明此命題，只要證明各邊相等的圓內接多邊形的各角相等，為此只要證明相鄰的兩角相等就夠了。

證明 如圖 28-4，設 $AB = BC = CD$ 是

圖 28-4

圓內接等邊多邊形的三條邊，由圓周角定理得 $\angle CAB = \angle CDB$。又由三角形中等邊對等角，有 $\angle ACB = \angle CAB = \angle CDB = \angle CBD$。再由三角形內角和定理得到

$$\angle ABC = 180° - \angle ACB - \angle CAB$$
$$= 180° - \angle CDB - \angle CBD$$
$$= \angle BCD \text{。} \tag{28-2}$$

這證明了圓內接等邊多邊形鄰角相等，從而各角相等。命題獲證。

也可以通過直接計算角的大小來證明上述斷言。事實上，圓內接等邊 n 邊形的一條邊所對的劣弧為 $360° / n$，故多邊形的每個角所對的弧為 $360° - 720° / n$，故每個角的大小均為

$$180° - \frac{360°}{n} = \frac{(n-2)180°}{n} \text{。}$$

對於圓外切多邊形，有類似的命題：

命題 28.5　各角相等的圓外切多邊形是正多邊形。

證明　如圖 28-5，設 A，B，C，D，E 是圓外切等角多邊形相繼的幾個頂點，則有 $\angle ABC = \angle BCD = \angle CDE$。設 M 是圓心，則由切線性質命題 23.10 可知 MB 平分 $\angle ABC$，MC 平分 $\angle BCD$，MD 平分 $\angle CDE$，因此得

$$\angle MBC = \angle MDC \text{，} \angle MCB = \angle MCD \text{。} \tag{28-3}$$

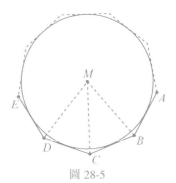

圖 28-5

再考慮到公共邊 MC，可得 $\triangle MBC \cong \triangle MDC$，從而 $BC = CD$。這證明了此多邊形任意兩鄰邊相等，即為正多邊形。證畢。

此結論也可以通過直接計算得到。事實上，等角 n 邊形的每個角的

大小為 $(n - 2) \times 180° \, / \, n$，而根據命題 23.10，若圓半徑為 r，則圓外一點到圓的兩切線的長度 l 與兩條切線的夾角 α 之間有下列關係：

$$l = r\cot\frac{\alpha}{2} \, 。 \tag{28-4}$$

由此可以求出圓外切等角 n 邊形的邊長 a 為

$$a = 2r\cot\frac{(n - 2) \times 180°}{2n} \, , \tag{28-5}$$

這證明了圓外切等角多邊形的邊長相等，從而它是正多邊形。

　　從上面兩個命題得到下面的圓內接和外切正多邊形的基本作圖方法。

命題 28.6　把圓周分成 n 等份 $(n \geq 3)$，則

(1) 依次連接各分點所得的多邊形是這個圓的內接正多邊形；

(2) 過各分點作圓的切線，依次連接相鄰切線的交點所得的多邊形是這個圓的外切正多邊形。

證明　(1) 因為等弧對等弦，故依次連接各分點所得的多邊形是這個圓的內接等邊多邊形。由命題 28.4，它是這個圓的內接正多邊形：

(2) 如圖 28-6，把相鄰兩切點 P 和 Q 與圓心連接起來，則連接此兩點的劣弧所對的圓心角

$$\angle POQ = \frac{360°}{n} \, 。$$

設此兩點處的切線的交點為 C，則

$$\angle PCQ = 180° - \frac{360°}{n} \, ,$$

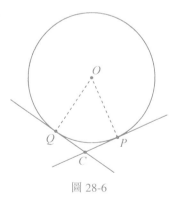

圖 28-6

這表明依次連接相鄰切線的交點所得的多邊形是圓的外切等角多邊形。由命題 28.5，它是這個圓的外切正多邊形。

上面的命題說明，對於任意正整數 $n \geq 3$，每個圓都有外切正 n 邊形和內接正 n 邊形。

反過來，是不是每個正多邊形都有內切圓和外接圓呢？

我們知道，任意三角形都有內切圓和外接圓，正方形也有內切圓和外接圓。下面證明，任意正多邊形都有內切圓和外接圓。

不妨設正多邊形的邊數 $n \geq 5$，而 P，Q，R，S 是它的任意四個依次相鄰的頂點，如圖 28-7。下面先來證明這四點共圓。

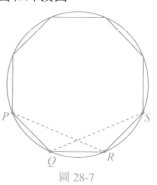

圖 28-7

事實上，由於 $\angle PQR = \angle QRS$ 和 $PQ = QR = RS$，由邊角邊判定法得 $\triangle PQR \cong \triangle SRQ$，從而 $\angle QPR = \angle RSQ$。由推論 24.14 可知 P，Q，R，S 四點共圓。

也就是說，P，Q，R 三點所確定的圓和 Q，R，S 三點所確定的圓是同一個圓，從而任意三個依次相鄰的頂點所確定的圓都是這一個圓，即正多邊形的所有頂點在同一個圓上。也就是說，正多邊形必有外接圓。

設正多邊形外接圓圓心為 O。由於等弦的弦心距相等，所以圓心 O 到各邊的距離相等。以 O 為心，以 O 到一邊的距離為半徑作圓，則此圓和每一邊相切，所以它就是此正多邊形的內切圓。

上面的討論，證明了

命題 28.7　正多邊形必有外接圓和內切圓，且兩圓的圓心是同一個點。

正多邊形的外接圓的圓心（也是內切圓的圓心），叫做正多邊形的

中心；外接圓的半徑，叫做正多邊形的半徑；內切圓的半徑叫做正多邊形的邊心距。正多邊形各邊所對的外接圓的圓心角都相等；每邊所對的圓心角叫做正多邊形的中心角。

邊數相同的正多邊形都相似，它們的周長的比、邊長的比、半徑的比和邊心距的比都相等，都等於相似比，它們的面積的比等於相似比的平方。

習題 28.1　圓內接等角多邊形是否一定是正多邊形？

習題 28.2　圓外切等邊多邊形是否一定是正多邊形？

習題 28.3　求證：圓內接等角五邊形一定是正五邊形。

習題 28.4　求證：圓外切等邊七邊形一定是正七邊形。

習題 28.5　在命題 28.2 的直接證明中，事實上假定了點 E 在四邊形 $ABCD$ 內部，如圖 28-3 所示。那麼，點 E 會不會在四邊形 $ABCD$ 外部呢？為了確認在題設條件下點 E 一定在四邊形 $ABCD$ 內部，請觀察圖 28-8。在此圖中，I 是 $\triangle ABC$ 的內心，在 AC 上取點 D，BC 上取點 E，點 I 在線段 DE 上。試證 $AD + BE < AB$。

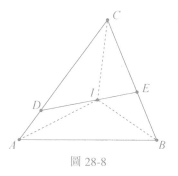

圖 28-8

29. 正多邊形的計算與作圖

設正 n 邊形半徑為 R，邊長為 a，周長為 L，邊心距為 r，面積為 S。只要知道了邊數 n 和上述五個中的任一個，便可以確定其他四個。

參看圖 29-1，點 O 是正 n 邊形的中心，線段 AB 是正 n 邊形的一條邊，$OA = OB = R$ 是正 n 邊形的半徑，ΔABO 的高 r 也就是正 n 邊形的邊心距。等腰 ΔABO 的頂角即 $\angle AOB$ 的度數是 $360° / n$。於是，只要 R 和 n 定了，ΔABO 也就定了。由圖 29-1 可見，正 n 邊形被它的 n 條半徑分割成 n 個互相全等的等腰三角形，因而就有

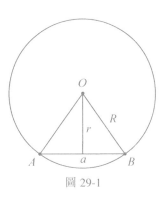

圖 29-1

命題 29.1　正 n 邊形的半徑和各邊中點到中心的連線，把它分割為 $2n$ 個互相全等的直角三角形。

根據這個命題，再用前面知道的幾何知識，如弦長公式、勾股定理、三角形的面積公式等等，可以輕鬆推出有關正多邊形的各種計算公式。

命題 29.2　正 n 邊形的幾個基本的計算公式：

(1) 邊長公式

$$a = 2R\sin\frac{180°}{n}\; ;$$

(29-1)

(2) 周長公式

$$L = 2nR\sin\frac{180°}{n}\; ;$$

(29-2)

(3) 邊心距公式

$$r = R\cos\frac{180°}{n}\; ;$$

(29-3)

(4) 面積公式

$$S = \frac{n}{2}R^2\sin\frac{360°}{n}\; 。$$

(29-4)

從這四個公式出發，能推出許多其他公式或不等式，如已知正 n 邊形面積求周長等等。

命題 29.3　對任意正整數 m，有

$$\sin \frac{180°}{m} < \frac{\pi}{m} \text{ ,}$$

這裏 π 表示單位圓的面積。

證明　若 $m = 1$，顯然。對於 $m > 1$，在面積公式 (29-4) 中取 $n = 2m$，且 $R = 1$，得到單位圓內接正 $2m$ 邊形的面積，它顯然小於單位圓的面積 π，即

$$m\sin \frac{180°}{m} < \pi \text{ 。}$$

兩端同除以 m 即得所要證的不等式。

【例 29.1】　求半徑為 r 的圓的外切正 n 邊形的面積。

解　設此正 n 邊形的外接圓半徑為 R，則其面積可以用公式 (29-4) 計算。而 R 和 r 之間有關係 (29-3)，故

$$R = r\left(\cos \frac{180°}{n}\right)^{-1} \text{ ,}$$

代入式 (29-4) 可得所要的外切正 n 邊形的面積公式

$$S = \frac{n}{2}r^2\left(\cos \frac{180°}{n}\right)^{-2}\sin \frac{360°}{n} = nr^2\tan \frac{180°}{n} \text{ 。} \tag{29-5}$$

在有關正多邊形的計算的基礎上，可以討論有關正多邊形的作圖問題。

如果知道了正 n 邊形的半徑 R 或邊心距 r，要作正 n 邊形，事實上就是把半徑為 R 或 r 的圓進行 n 等分的問題。

借助適當的軟件用電腦來做正 n 邊形，例如用數學繪圖軟件作正 n 邊形，是輕而易舉的事，動動滑鼠鍵盤，至多半分鐘就夠了。

　　在紙上用鉛筆作圖，可以用量角器把圓心角 n 等分，也就可以把圓 n 等分了。

　　也可以用公式（29-1）計算出正 n 邊形的邊長，再用刻度尺和圓規把圓 n 等分。

　　無論用電腦或用紙筆作圖，理論上和實際上都是近似作圖。如果假定有一套無限精密的直尺和圓規，再假定紙面是真正平坦的平面，傳統的尺規幾何作圖在理論上就是完全精確的了。

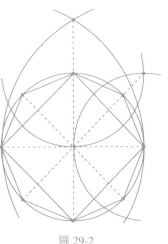

　　但是，用圓規直尺並不能作出所有的正多邊形，只有對一些特殊的正整數 n，可以用圓規直尺作出正 n 邊形。

圖 29-2

　　圓內接正方形是容易用圓規直尺作出來的，只要作互相垂直的兩條直徑，就可以把圓四等分，再逐次平分中心角或弧，就可以得到圓內接正八邊形（圖 29-2）、正十六邊形，等等。

　　根據邊長公式（29-1），圓內接正六邊形的邊長為 $2R\sin(180° / 6) = R$，即等於圓的半徑，所以圓內接正六邊形很容易用圓規直尺作出。如圖 29-3，只要以直徑的兩端點為心，作半徑為 R 的弧和圓相交，則所得到的四個交點和直徑的兩端點就是圓內接正六邊形的

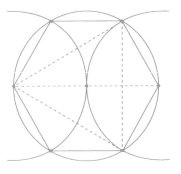

圖 29-3

頂點,而其中兩兩不相鄰的三個頂點則構成圓內接正三角形。這樣,正十二邊形、正二十四邊形等也可以作出來了。

和正六邊形、正四邊形相比,正五邊形的作圖是一個比較困難但也比較有趣的問題。

根據正多邊形邊長公式(29-1),正五邊形的邊長為 $a = 2R\sin 36°$。這給作圖提供了線索。在習題 10.3 中,

已經求出了 $\sin 18° = \dfrac{\sqrt{5}-1}{4}$,利用餘弦倍角公式可得

$$\cos 36° = \frac{1+\sqrt{5}}{4} \, 。$$

能作出長度為 $2R\cos 36°$ 的弦,就不難得到長度為 $2R\sin 36°$ 的弦。圖 29-4 所示的作圖步驟,思路就是這樣來的。

【例 29.2】 在半徑為 R 的圓中,用圓規直尺作出內接正五邊形。

解 如圖 29-4,具體的作圖操作和道理如下:

圖 29-4

(i) 過圓心 P 作相互垂直的兩條直徑 AQ 和 FG;

(ii) 作 PQ 的中點 M,由 $FP = R$ 和 $PM = R / 2$,用勾股定理求出

$MF = R\sqrt{5}\,/\,2$；

(iii) 以 M 為心 MF 為半徑作圓弧和 AQ 交於 N，則 $MN = R\sqrt{5}\,/\,2$，從而

$$QN = \frac{R(1+\sqrt{5})}{2}；$$

(iv) 以 Q 為心，QN 為半徑作圓弧和 $\odot P$ 交於 B 和 E，則 $\angle ABQ$ 為直角，且

$$\cos\angle AQB = \frac{QB}{AQ} = \frac{QN}{AQ} = \frac{R(1+\sqrt{5})}{4R} = \frac{(1+\sqrt{5})}{4} = \cos 36°。$$

可見 $\angle AQB = 36°$，從而 $AB = AE = 2R\sin 36°$，即 AB 和 AE 是圓內接正五邊形的兩條邊。

最後就容易了。分別以 B 和 E 為心，$AB = AE$ 為半徑作圓弧和 $\odot P$ 交於 C 和 D，就得到了圓內接正五邊形 $ABCDE$。

能作正五邊形，就能作正十邊形。仔細想想，就知道還能作正十五邊形。

用圓規直尺不能做正七邊形和正九邊形，但是能作正十七邊形。正五邊形的對角線，構成了正五角星形，如圖 29-5。

正五邊形和正五角星形有很多有趣的幾何性質，下面僅舉其一。

【例 29.3】 如圖 29-5，正五邊形 $ABCDE$ 的對角線 BE 分別與對角線 AC 和 AD 交於 H 和 G。求證：

$$\frac{BG}{BE} = \frac{GE}{BG}，\qquad (29\text{-}6)$$

並求此比值。

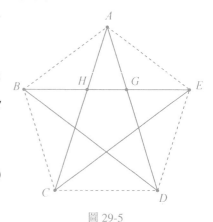

圖 29-5

解　注意到 $\angle ABH = \angle BAH = \angle AEG = \angle EAG = 36°$，可得

$$\angle AHG = \angle AGH = \angle BAG = \angle EAH = \angle ABD = 72°。$$

可見 $DA = DB = BE$，$BA = BG = EA = EH$，$AH = AG = BH = EG$，等等；
而且諸等腰 $\triangle BDE$，$\triangle BAG$，$\triangle AGH$，…相似，從而

$$\frac{BG}{BE} = \frac{AG}{DE} = \frac{GE}{AB} = \frac{GE}{BG}。 \tag{29-7}$$

下面來計算這個比值。

考慮式（29-7）的兩端並設

$$\frac{BG}{BE} = \frac{GE}{BG} = x，$$

由 $BE = BG + GE$ 得

$$\frac{BG}{BE} = \frac{BE - BG}{BG} = \frac{BE}{BG} - 1， \tag{29-8}$$

也就是

$$x = \frac{1}{x} - 1。 \tag{29-9}$$

去分母整理後得到二次方程

$$x^2 + x - 1 = 0， \tag{29-10}$$

解方程取正根得

$$x = \frac{\sqrt{5} - 1}{2} = 0.618033987\cdots \tag{29-11}$$

從式（29-7）兩端看到，點 G 把線段 BE 分成兩段，這種分割比例
滿足條件：大段（BG）與全段（BE）之比，等於小段（GE）與大段（BG）
之比。滿足這樣的條件的分割點，叫做線段的黃金分割點，這樣的分割
比叫做「黃金分割比」，也叫「中外比」。黃金分割有很多有趣的性質，

有很多重要的應用，和自然界很多現象有關，是幾何學的經典瑰寶之一。

這個比值

$$x = \frac{\sqrt{5}-1}{2} = 0.618033987\cdots$$

稱為黃金數或金數，日常應用中常取其近似值 0.618。容易算出

$$\frac{\sqrt{5}-1}{2} = 2\cos 36° - 1 。$$

習題 29.1　在半徑為 R 的圓中，內接正三角形和內接正方形的邊長、邊心距和面積各是多少？

習題 29.2　已知正七邊形的邊長為 12cm，利用正弦表計算其面積。

習題 29.3　把邊長為 1 的正四邊形切去四角，變成正八邊形。求此正八邊形的周長和面積。

習題 29.4　已知正五邊形的一條邊長為 3，如何用圓規直尺作出此正五邊形？

習題 29.5　正五邊形的五個頂點間可以連成十條線段，這十條線段的平方和記作 S_1；這十條線段構成十個三角形，這十個三角形的面積的平方和記作 S_2。

試證明 $S_1^2 = 80S_2$，並對其他常見的正多邊形考慮類似的問題。

30. 與圓有關的計算

在小學裏就知道圓的面積公式 $S = \pi r^2$，至於這個公式是如何得來的，我們只看到一些直觀的說明，而且這些說明依賴於圓周長的計算公式。

現在可以作比較嚴謹的論證了。

命題 30.1　若記半徑為 R 的圓的面積為 $S(R)$，並記 $S(1) = \pi$，則有

(i)
$$S(R) = \pi R^2 \text{；} \tag{30-1}$$

(ii) 若整數 $n > 2$，則

$$\frac{n}{2}\sin\frac{360°}{n} < \pi < n\tan\frac{180°}{n} \text{。} \tag{30-2}$$

證明　分別用 S_n 和 s_n 記半徑為 R 的圓的外切和內接多邊形的面積。為書寫方便，記 $180°/n = \delta$，由公式 (29-4) 和式 (29-5) 可得

$$s_n = \frac{n}{2}R^2\sin 2\delta \text{，} S_n = nR^2\tan\delta \text{。}$$

由 $s_n < S(R) < S_n$ 得

$$\frac{n}{2}R^2\sin 2\delta < S(R) < nR^2\tan\delta \text{。} \tag{30-3}$$

當 $R = 1$ 時得到

$$\frac{n}{2}\sin 2\delta < S(1) < n\tan\delta \text{。} \tag{30-4}$$

按約定 $S(1) = \pi$，於是式 (30-4) 即要證明的結論 (ii)。

將不等式 (30-3) 與式 (30-4) 的反向表示相比得

$$R^2\frac{\sin 2\delta}{2\tan\delta} < \frac{S(R)}{S(1)} < 2R^2\frac{\tan\delta}{\sin 2\delta} \text{。} \tag{30-5}$$

利用公式 $\sin 2\alpha = 2\sin\alpha \cdot \cos\alpha$ 和 $\tan\alpha = \sin\alpha / \cos\alpha$，並將各項同除以 R^2，得

$$\cos^2\delta < \frac{S(R)}{S(1)R^2} < \frac{1}{\cos^2\delta} \text{。} \tag{30-6}$$

當 n 足夠大時，此式兩端可以充分接近於 1，所以必有

$$\frac{S(R)}{S(1)R^2} = 1 \text{ 。}$$

（若要嚴謹論證 $S(R) / (S(1)R^2) = 1$，可用反證法。設

$$\left| \frac{S(R)}{S(1)R^2} - 1 \right| = d > 0 \text{ 。}$$

由於也有

$$\cos^2 \delta < 1 < \frac{1}{\cos^2 \delta} \text{ ，} \tag{30-7}$$

比較式（30-6）和式（30-7）可得

$$d = \left| \frac{S(R)}{S(1)R^2} - 1 \right| < \left| \cos^2 \delta - \frac{1}{\cos^2 \delta} \right|$$

$$= \left| \frac{(1 + \cos^2 \delta)\sin^2 \delta}{1 - \sin^2 \delta} \right| \text{ 。} \tag{30-8}$$

因為 n 可以是任意大於 1 的整數，故可以取 n，使得 $n^2 > 32 + 64 / d$。由命題 29.3 和 $n^2 > 64 / d$ 得

$$\sin^2 \delta < \left(\frac{\pi}{n} \right)^2 < \frac{16}{n^2} < \frac{d}{4} \text{ ，}$$

由命題 29.3 和 $n^2 > 32$ 得 $1 - \sin^2 \delta > 1 / 2$，再由 $1 + \cos^2 \delta < 2$，從（30-8）式便得到

$$d < \frac{2 \cdot d}{0.5 \times 4} = d \text{ ，} \tag{30-9}$$

這推出了矛盾。由反證法可得 $S(R) / (S(1)R^2) = 1$）即

$$S(R) = \pi R^2 \text{ 。}$$

命題證畢。

至於圓的周長如何計算，就涉及曲線長度的概念了。一種直觀的定義方法，是先把曲線「擴大」成寬度為 $2d$ 的帶子（圖 30-1），設帶子的面積是 $s(d)$，則當 d 很小時，比值 $s(d) / (2d)$ 應當很接近這段曲線的長度。讓 d 趨向於 0，比值 $s(d) / (2d)$ 的極限值就可以看成是曲線的真正的長度了。

按照這個想法計算圓周長，就要把半徑為 R 的圓擴大成為一個圓環，如圖 30-2。圓環的外半徑為 $R + d$，內半徑為 $R - d$，則其面積為 $\pi(R + d)^2 - \pi(R - d)^2 = 4\pi Rd$，於是

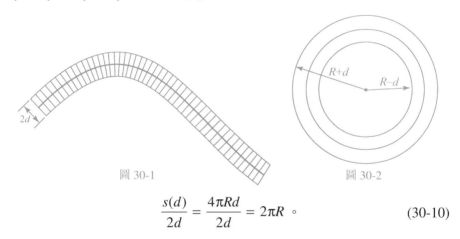

圖 30-1   圖 30-2

$$\frac{s(d)}{2d} = \frac{4\pi Rd}{2d} = 2\pi R \text{。} \tag{30-10}$$

這個比值與圓環的寬度 d 無關，當 d 趨向於 0 時它保持不變，這就得到圓周長的公式

$$C = 2\pi R \text{，} \tag{30-11}$$

從而有

$$\frac{C}{2R} = \pi \text{。} \tag{30-12}$$

也就是

命題 30.2　圓的周長和直徑的比值是一個常數 π，它等於單位圓的面積。

讀者可能有一個疑問：很多書上都是先利用圓內接正多邊形的周長取極限求圓的周長，再用周長來求面積；為何這裏卻是先利用圓內接和外切正多邊形的面積取極限推出圓面積公式，再利用面積求周長呢？

表面上看，利用圓內接正多邊形的周長取極限求圓的周長很合理，因為當邊數無限增大時圓內接正多邊形的圖像非常接近於圓。但是，圖像非常接近就能保證長度也非常接近嗎？看看圖 30-3，仔細想一想。

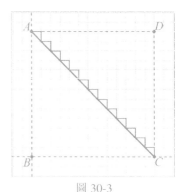

圖 30-3

設圖中正方形邊長為 1，則對角線 $AC = \sqrt{2}$。把正方形劃分為若干正方形的格子，沿對角線附近的格點作一條階梯形的折線連接 AC。無論小方格多麼小，連接 AC 的這條階梯形的折線長度總等於 $AD + DC = 2$。當小方格分得很細很細的時候，階梯形的折線的圖像和線段 AC 可以非常接近，但兩者的長度之差始終是 $2 - \sqrt{2} > 0.5$，不會無限接近！

這表明，圖像接近的兩段線長度不一定接近。

所以，用圓內接正多邊形的周長來逼近圓的周長的想法，需要有更充分的依據。理解這些依據需要更多知識。

退一步說，即使假定了用圓內接正多邊形的周長來逼近圓的周長是合理的，圓周長的公式的推導仍然依賴於極限概念和理論。進一步從圓周長公式推導圓面積公式又涉及一個極限過程，這些都不容易在初等數學範圍內說清楚。

按照我們這裏的推理路線，不必用極限理論，都説清楚了。

有了圓面積公式，容易推出圓弧長、扇形面積、弓形面積的計算公式。

先來算圓弧。圓周是 360° 的圓弧，長為 $C = 2\pi R$，故 1° 的圓弧長為 $2\pi R / 360$，即 $\pi R / 180$。於是得到圓心角為 $n°$ 的圓弧長為

$$l = \frac{n\pi R}{180} \, \text{。}$$ (30-13)

其次來算扇形面積。

一條弧和經過此弧端點的兩條半徑所組成的圖形叫扇形。整個圓盤可以分成 360 個圓心角為 1° 的扇形，所以圓心角為 1° 的扇形面積為圓面積的 1 / 360，即 $\pi R^2 / 360$，因此，圓心角為 $n°$ 的扇形面積為

$$S_{扇} = \frac{n\pi R^2}{360} \, \text{。}$$ (30-14)

注意到圓心角為 $n°$ 的扇形的弧長 $l = n\pi R / 180$，所以弧長為 l 的扇形的面積為

$$S_{扇} = \frac{lR}{2} \, \text{。}$$ (30-15)

如圖 30-4，扇形面積減去或加上一個三角形面積，得到弓形面積。

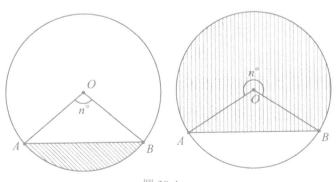

圖 30-4

左圖的情形，扇形 OAB 的弧是劣弧，度數 $n < 180$，對應的弓形面積為

$$S_弓 = S_扇 - S_{\Delta OAB} = \frac{n\pi R^2}{360} - \frac{R^2\sin n°}{2}$$

$$= \frac{R^2}{2}\left(\frac{n\pi}{180} - \sin n°\right)。$$ (30-16)

右圖的情形，扇形 OAB 的弧是優弧，度數 $n > 180$，對應的弓形面積為

$$S_弓 = S_扇 + S_{\Delta OAB} = \frac{n\pi R^2}{360} + \frac{R^2\sin(360° - n°)}{2}$$

$$= \frac{R^2}{2}\left(\frac{n\pi}{180} + \sin(360° - n°)\right)。$$ (30-17)

在不同情形，可以根據條件用不同的方法計算三角形面積。

【例 30.1】 圖 30-5 畫出了運動場上有彎道的跑道的一段。為了確定起跑線上內外圈起跑點的差距，要算出彎曲部分內外弧長度的差。已知跑道寬 12m，彎曲部分外弧和內弧是同心圓弧，所對的圓心角為 70°，求外弧和內弧長度之差。

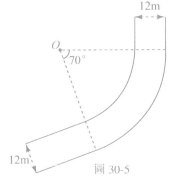

圖 30-5

解 分別記外弧和內弧的半徑為 R 和 r，由題設知 $R - r = 12(\text{m})$。由弧長公式 (30-13) 可得兩弧長度的差為

$$\frac{70\pi R}{180} - \frac{70\pi r}{180} = \frac{70\pi}{180}(R - r) = \frac{7 \times 12\pi}{18} = \frac{14\pi}{3} \approx 14.66(\text{m})。$$

【例 30.2】 如圖 30-6，兩皮帶輪的中心距離為 2m，直徑分別為 0.70m 和 0.30m。

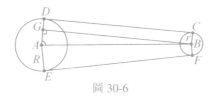

圖 30-6

(1) 求皮帶長；(2) 如果小輪每分鐘轉 750 轉，求大輪每分鐘轉多少轉？

解 (1) 如圖，皮帶的拉直部分相當於兩輪的外公切線 DC 和 EF。自小輪中心 B 向大輪的切點半徑 AD 引垂足 G，則 $BG = CD = EF$，且由已知條件有 $AD = 0.70 / 2 = 0.35\text{(m)}$，$BC = 0.30 / 2 = 0.15\text{(m)}$，$AB = 2\text{(m)}$，$AG = AD - BC = 0.20\text{(m)}$，由勾股定理得

$$BG = \sqrt{AB^2 - AG^2} = \sqrt{2^2 - 0.20^2} \approx 1.9900\text{(m)}， \qquad (30\text{-}18)$$

再求出

$$\sin\angle BAG = \frac{BG}{AB} \approx \frac{1.9900}{2} = 0.9950， \qquad (30\text{-}19)$$

從而 $\angle BAG \approx 84.27°$，於是 $\angle DAE = \angle CBF = 2\angle BAG = 168.5°$。用弧長公式 (30-13) 求出皮帶的兩段弧形部分長度為

$$\frac{(360 - 168.5)\pi R}{180} + \frac{168.5\pi r}{180}$$

$$= \frac{\pi}{180}(191.5 \times 0.35 + 168.5 \times 0.15) = 1.61\text{(m)}。 \qquad (30\text{-}20)$$

結合 (30-18) 和 (30-20) 式，得皮帶總長為

$$1.61 + 2 \times 1.99 = 5.59\text{(m)}。$$

(2) 大輪每分鐘轉數為

$$\frac{\text{小輪轉數} \times r}{R} = \frac{750 \times 0.15}{0.35} \approx 321.4。 \qquad (30\text{-}21)$$

【例 30.3】 水平放置的圓柱形排水管截面內徑為 22cm（內徑指圓管內圓的直徑），其中水面高 6cm。求截面上有水部分的弓形的面積（圖 30-7）。

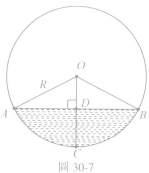

圖 30-7

解 如圖，由條件可知 $AO = CO = 11(cm)$，$CD = 6(cm)$，$OD = OC - CD = 11 - 6 = 5(cm)$，故 $\sin\angle OAD = OD / OA = 5 / 11 \approx 0.45$，$\angle OAD \approx 27°$，$\angle AOD = 90° - \angle OAD \approx 63°$，$\angle AOB = 2\angle AOD \approx 126°$。於是可求出弓形 ACB 的面積為

$$S_{扇形AOB} - S_{\triangle AOB} = \frac{126\pi R^2}{360} - \frac{R^2 \sin 126°}{2}$$

$$= \frac{11^2}{2}\left(\frac{126 \times 3.142}{180} - 0.81\right) \approx 84(cm^2)。$$

習題 30.1 如圖 30-8，大圓 M 的半徑 MA 是小圓 N 的直徑；$\odot M$ 的另兩條半徑 MB 和 MC 分別和 $\odot N$ 交於 P 和 Q。求證：弧 BAC 和弧 PAQ 長度相等。

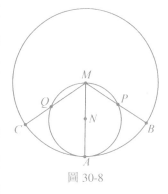

圖 30-8

習題 30.2 求單位圓內接正 180 邊形和外切正 180 邊形的面積，結果保留三位有效數字，計算它們與單位圓面積的差（使用數據 $\sin 1° = 0.0174524\cdots$。$\pi = 3.14159\cdots$）。

習題 30.3 在例 30.3 中，設水面高 7cm，其他條件不變，求截面上有水部分的面積。

習題 30.4　在例 30.2 中，所有的數據不變，但皮帶沿兩圓的內公切線盤繞，計算皮帶長。

習題 30.5　一個扇形的半徑等於一個圓的直徑，並且扇形面積等於此圓的面積。求此扇形的圓心角。

第五站小結

圓形的物體有廣泛的應用。圓作為圖形具有優美的形象。圓具有一系列深刻有趣的幾何性質。圓的引入使平面幾何變得更加豐富多彩。

圓是由平面上到一個定點的距離為定值的所有點組成的圖形，圓的一切性質都源於此。

圓周上的兩點連成一條弦，如果這條弦不是直徑，過弦的兩端作出兩條半徑，就得到一個等腰三角形。此弦是等腰三角形的底，兩條半徑是等腰三角形的兩腰，弦所對的圓心角是等腰三角形的頂角。等腰三角形「三線合一」的性質，在這裏叫做「垂徑定理」。

知道了圓的半徑和弦長，用勾股定理可以算出弦心距。在同一個圓中，弦變長時弦心距變小，弦變得最長成為直徑時弦心距為 0，弦變得最短成為一點時弦心距等於半徑。

弦所在的直線叫做圓的割線。弦變得最短成為一點時割線成為切線。切線和圓有唯一的公共點，就是切點。過切點的半徑垂直於切線。反過來，過半徑端點垂直於半徑的直線是圓的切線。根據垂線段最短的性質，可知切線上除切點外的其他點都在圓外。

圓周上的三點連成三條弦，構成一個圓內接三角形。此三角形的每個角都叫做此圓的圓周角，角的對邊叫做圓周角所對的弦，此弦的

另一側的圓弧叫做圓周角所對的弧。反過來，也稱此圓周角為此弦或此弧所對的圓周角。

如果此三角形的一條邊是直徑，則這條邊上的中線是半徑，這條半徑把這個圓內接三角形分成了兩個等腰三角形。應用等腰三角形底角相等和三角形內角和等於平角的性質，計算這兩個等腰三角形的角，便知這兩個等腰三角形拼成了一個直角三角形，而直徑是斜邊，從而得知半圓所對的圓周角是直角。

一般情形下，此三角形的每條邊都不是直徑，經過三角形頂點的三條半徑就把這個圓內接三角形分成了三個等腰三角形。還是應用等腰三角形底角相等和三角形內角和等於平角的性質，計算這三個等腰三角形的角，便可得到圓周角度數等於同弧所對的圓心角度數之半這條重要而並不顯然的結論。更常用的是它的推論：同弧所對的圓周角相等，即所謂圓周角定理。這是圓的眾多性質中最重要的性質，也是用起來最方便的性質。圓周角的一條邊成為切線時，圓周角定理變成了弦切角定理。當圓周角的頂點離開圓周時，圓周角變成了圓內角或圓外角，它們的大小和角的兩邊所夾的弧有關。聯繫着圓周角定理，我們輕鬆得到了圓的一系列性質，包括弦長公式、切線長公式。這些公式使我們重溫正弦定理，並且進一步引出了正切和餘切。

有了正切和餘切，進一步得到一些公式，例如正切和餘切的和角公式和差角公式。可是我們來不及在這方面深入和展開了。

在圓周上再取一個點，得到圓內接四邊形，一般情形下，經過此四邊形頂點的半徑把它分成四個等腰三角形。再次應用等腰三角形底角相等和三角形內角和等於平角的性質，計算這四個等腰三角形的角，便可得到圓內接四邊形對角互補的性質，給出圓周角定理的另一種證

明方法。當然，也可以用圓周角定理推出圓內接四邊形對角互補。

圓周上的四個點不一定非得連成四邊形，可以變變別的花樣。兩點確定一條弦，四點分成兩組確定兩弦。兩條弦如果交於圓內一點，就有相交弦定理；如果它們的延長線交於圓外一點，就有兩割線定理；當一條割線和圓心的距離越來越遠變成切線時，兩割線定理就變成了切割線定理；這三條定理可以統一表述為圓冪定理。

與圓有關的三條最重要的定理，就是垂徑定理、圓周角定理和圓冪定理。

對圓的進一步探索，涉及圓的內接和外切多邊形。

因為前面已經討論過外心和內心，這裏順理成章地肯定了任意三角形都有唯一的外接圓和內切圓。圓內接四邊形的充分必要條件已經清楚，就是對角互補。至於圓外切四邊形的充分必要條件，前面的例子也已經有所鋪墊，這裏補充了新的證明。

思考一下，有沒有必要再討論五邊形、六邊形內接於圓或者外接於圓的條件呢？

正多邊形是一類重要的多邊形。每個正多邊形有唯一的內切圓和唯一的外接圓。

應用有關正弦和正切的知識，容易推出圓內接和外切正多邊形的面積和周長的計算公式。圓面積的大小在外切和內接的正多邊形的面積之間，由此推出圓面積等於 πR^2，這裏 π 是單位圓的面積。再進一步，利用圓環面積推出圓的周長等於 $2\pi R$。這些公式在小學裏都已經知道並多次使用過，現在終於說清楚了它們的來歷。

對圓的性質的探索，提供了複習原有知識的很好的機會。有關圓的有些命題，就是已知命題的改頭換面的重述。在推導圓的性質過程

中，反覆用到了等腰三角形的知識。溫故知新，推陳出新，這種學習和思考的方法，在研究圓的性質的過程中，得到了很好的體現。

附錄

用「菱形面積」定義正弦的一次教學探究

寧波教育學院　　崔雪芳

2007 年，張景中院士在寧波的「數學教育高級研討班」的演講中提到，「正弦可以定義為角度為 α 的單位菱形的面積」。我聽了之後，很受感動。一位科學院院士，關注中小學教育，而且提出了很有創意的建議。我們在基層工作，應該有所呼應，於是萌發了進行一次教學實驗的構想。2007 年年底，我與一位有經驗的數學教師一起，在寧波一所普通初級中學的初一年級的一個普通班級上了一堂「角的正弦」的實驗課。初步結果顯示，學生可以懂。三角和面積相聯繫，比起直角三角形的「對邊比斜邊」定義更直觀，更容易把握。當然，一節課只是初步嘗試，有待進一步探究。

一、教學設計

本節課的教學目標，我們認為有以下三點：

1. 利用「面積」過渡，了解正弦概念，初步理解正弦涵義；

2. 利用「折扣」這個直觀的前概念探究三角形的面積、邊、角與正弦的聯繫；

3. 探究正弦的基本性質，並能做簡單的運用。

本節課教學主要分兩階段展開，第一階段為認識正弦：主要解決用單位菱形面積去定義正弦，即用「面積」這個形象的前概念去幫助理解正弦概念；第二階段為探究正弦：借用「折扣」這個直觀的前概念，

解決三角形的面積、邊、角與正弦的關係及正弦的基本性質。最後通過課堂練習，鞏固對正弦的理解，拓展學生知識運用的視野。為了使課堂更為活躍，探究性更強，我們着重在幾何圖形的面積變化（用數學軟件幾何畫板）、折扣與正弦的聯繫上做探究。

下面是這節課的教學片段。

【片段一：認識正弦】

「正弦這個名字是甚麼意義，先請大家觀察一個單位正方形。」上課一開始執教老師就在螢幕上打出一個單位正方形（如圖 1）。

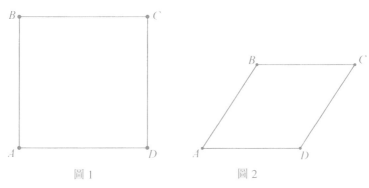

圖 1　　　　　　　　圖 2

師：（指着圖 1）正方形的每個角是幾度，面積怎麼計算？

生：（齊聲回答）90°，面積是邊長的平方，$1^2 = 1$。

師：（利用幾何畫板動畫功能，將正方形的一個角 A 慢慢地進行變動）好！現在我讓一個角 A 變動一下，面積會變嗎？面積變化與甚麼有關？（見圖 2）。

生：（肯定的）會變，與角度有關！

師：對！面積變化與角 A 的變化有關！我們具體看一下，當角 A 為 30° 時這個面積為多少呢？（略作停頓）為了解決這個問題，今天我們先引進一個新的數學符號：$\sin\alpha$，叫做角 α 的正弦，它表示邊長為 1，一個內角 A 為 α 度的菱形 $ABCD$ 的面積。

生：（思考，一下子沒有回答）。

師：大家可能不好理解，關鍵是甚麼呢？（略作停頓）原因是我們暫時還不知道這個菱形面積是多少。

師：好在我們可以讓計算機幫忙，它有這個功能。請同學們拿出計算機，我們一起來計算 sin30°，請同學們先按鍵 sin，再按 30，結果是多少？

生：（紛紛回答）1 / 2。

師：對，sin30° = 1 / 2，它表示邊長為 1、一個角 A 為 30° 的菱形面積是 1 / 2。現在我們是不是可以用剛才引入符號來表示討論的結果呢？

生：（陸續回答）sin30° = 1 / 2。

師：（板書：sin30° = 1 / 2）好！現在我們把這個菱形面積記作 s，這個面積 s 應該是……

生：（齊聲）s = sin30° = 1 / 2。

師：我們再來看一個正方形（圖 3），它由 9 個單位正方形構成，它的面積 S 為多少呢？

生：（不假思索）S = 9。

師：（因勢利導）那麼，我們改變角 A 的度數，如圖 4，角 A 所在的一個小菱形的面積為多少？

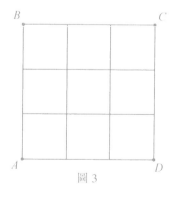

圖 3

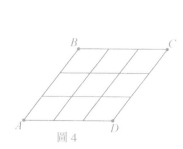

圖 4

一女生：sinA。

師：好！好！（教師連連稱讚）那麼，菱形 *ABCD* 面積又是多少？

生：（全體齊聲）9 sinA。

師：（乘勢深入）好！如果把邊長為 3，一個內角為 α 的菱形面積記為 *s*，*s* 為多少？

生：（似乎找到了初步的規律，興奮地）

$$s = 9\sin\alpha \text{。} \tag{1}$$

師：太好了！請同學們寫出表達式。

生：（學生回答教師板書）$s_{菱形} = 9\sin\alpha$。

師：對！這樣我們可以得出甚麼結論呢？（學生邊回答，教師邊板書：設邊長為 *a* 的正方形面積為 *S*，邊長為 *a*、一個內角為 α 的菱形面積為 *s*，那麼。$s / S = \sin\alpha$）。

師：（引申）那麼，這個結論對長方形是不是成立呢？如圖 5，一個一邊長為 3，另一邊長為 5 的長方形圖形的面積 *S* 為多少？若將角 *A* 變成 α 度，則所得菱形（圖 6）的面積 *s* 又是多少呢？

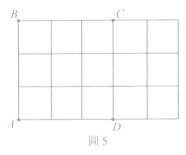

圖 5

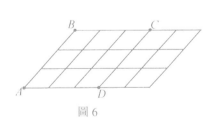

圖 6

生：（很快）

$$S_{長方形} = 15；s_{菱形} = 15\sin\alpha \text{。} \tag{2}$$

師：（讚許地）好！這樣我們就可以得出這樣一個結論：設邊長分別為 *a* 和 *b* 的長方形面積為 *S*，邊長為 *a* 和 *b*、一個內角為 α 的平行四

邊形面積為 s，那麼 $s / S = \sin\alpha$，其中，S 是邊長分別為 a 和 b 的長方形面積。

……

通過上面的討論，學生對正弦的概念開始有了一個初步的認識，在這個過程中，「面積」概念的過渡性引入使正弦這個抽象的數學符號有了直觀的模型。

【片段二：正弦再理解】

正弦的概念引入後，教師稍作鞏固，並以此構建理解的第一個台階，就開始了從特殊值到一般值的教學推進。希望能與學生一起尋找並發現説明全面理解並掌握正弦涵義的橋樑。

師：我們繼續研究邊長為 1 的正方形（圖 1）。通過剛才的討論，我們已經知道當角 A 發生變化時（圖 2），面積就會發生改變，而且這個改變可以用 $\sin\alpha$ 表示。為了進一步理解 $\sin\alpha$，我們先來打個比方，比如買一件商品，原來價格 100 元，現在打折，只要 80 元就夠了，問這件商品打了幾折？

生：打 8 折。

師：對！再回到剛才對 $\sin\alpha$ 的討論。大家看，當角 A 為 α 時，我們可以用 $\sin\alpha$ 表示它的面積。具體地説，當 $\alpha = 30°$ 時，$\sin\alpha = 1 / 2$，$S_{菱形} = 1 / 2$。我們是否可以認為菱形面積是正方形的面積打了 5 折後得到的？在這裏 $\sin 30°$ 相當於一個折扣。

生：（沒有馬上回答，似乎在思索着甚麼）……

師：大家再用計算機來計算一下，當 $\alpha = 60°$ 時，菱形的面積是多少呢？

生：0.866。

師：對！因此，我們是不是同樣可以認為：一個邊長為 1，一個角 $\alpha = 60°$ 的菱形面積是由單位正方形的面積約打了八六折得到的？就是：$s_{菱形} = \sin 60° \approx 0.866$。

生：（似有所悟）可以這樣說。

師：（乘勢引導）也就是說，在一般情形下，當角 A 為 α 時，菱形的面積 $S_{菱形} = \sin\alpha$ 可以怎樣理解？

生：折扣是 $\sin\alpha$！

師：（繼續引導）好！我們再來看邊長為 $a = 3$ 的正方形，如圖 3 和 4，當角 A 為 α 時面積的折扣是多少？原來面積是 9，現在面積應該是多少？

生：折扣是 $\sin\alpha$，現在面積是 $9\sin\alpha$！

師：對！在這種情形下，$\sin\alpha$ 還是一個折扣。當 $\alpha = 30°$ 時，菱形面積 $= 9\sin30°$，面積打五折了；同樣當 $\alpha = 60°$ 時，面積就約打八六折。根據上面的討論結果，我們是不是可以這樣認為：平行四邊形的面積就是長方形面積打 $\sin\alpha$ 折後得到的？

生：對！

師：我們是不是可以進一步認為，無論是單位正方形、一般正方形，還是長方形，只要它的一個角改變成 α，它的面積就打折扣了，這個折扣就是 $\sin\alpha$。

生：（略作思考，齊聲）對！

至此，學生對正弦的概念有了一個較為完整的理解。在這個過程中，如果說「面積」這個過渡性的概念的引入使學生對「正弦」概念有了空間意義上的認識，那麼，另一個過渡性概念「折扣」則使學生開始有了代數意義的初步思考。

二、「菱形面積定義正弦」教學效果的形成性檢驗

　　為了檢驗教學效果，我們在教學過程中穿插安排了教學效果的形成性檢驗。

　　（一）教師引導下的練習。檢驗方法：例題分析。檢驗目的：①鞏固已學概念；②適當引申，並歸納出正弦性質；③為後續學習做好鋪墊。

　　【片段三：探究正弦性質】

　　【例】　一個邊長分別為 a 和 b 的長方形 $ABCD$，改變角 B，使它成為一個內角為 $B = \alpha$ 的平行四邊形 $ABCD$（圖7），那麼平行四邊形 $ABCD$ 的面積是多少？

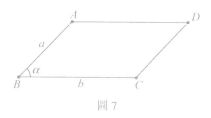

圖 7

　　師：哪位同學能回答？

　　生：（爭先恐後）長方形 $ABCD$ 面積 ab 打一個 $\sin\alpha$ 折扣，$S_{平行四邊形} = ab\sin\alpha$。

　　師：好！兩邊分別為 a 和 b 夾角為 α 的三角形面積是多少？（圖8）

　　生：（一下子沒有回答）。

　　師：我們一起討論，在圖7中連接 AC，就把平行四邊形 $ABCD$ 分成兩個三角形，那麼三角形 ABC 的面積是平行四邊形 $ABCD$ 面積的……

　　生：（似乎豁然開朗，半數左右學生齊聲）一半！

　　師：好！（板書）：

$$S_{\triangle ABC} = \frac{1}{2}\,ab\sin\alpha\,。$$

師：（出示圖 1 和 2）當 A 角為 0°，180°，90° 時，它們的面積各為多少？

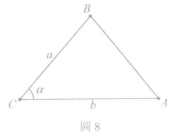

圖 8

生：（討論）它們的面積分別為 0，0，1。

師：我們把這個結論寫在黑板上（板書）：

(1) $\sin 0° = \sin 180° = 0$；

(2) $\sin 90° = 1$；

(3) $\sin \alpha = \sin (180° - \alpha)$；

(4) 當 α 為銳角時，α 越大 $\sin \alpha$ 就越大。

從例題解決的情形看，學生們已經很好地掌握了通過「面積」、「折扣」引出的正弦概念，而且，通過面積、折扣容易地得出了正弦的基本性質，尤為重要的是，公式

$$S_{\Delta ABC} = \frac{1}{2} ab \sin \alpha$$

的得出，為三角、幾何和代數後續學習做好了重要的鋪墊。

（二）課堂練習檢驗。檢驗方式：學生獨立完成課堂練習，教師針對性分析。目的：①進一步鞏固；②發現知識掌握的不足；③為整體理解找幫助。

【練習一】

1. 用計算機求值

(1) $\sin 30°$，(2) $\sin 45°$，(3) $\sin 60°$，(4) $\sin 120°$。

2. 邊長分別為 2 和 4，一個內角為 30° 的平行四邊形 $ABCD$ 的面積是 ＿＿＿＿＿＿＿ 。

3. 兩邊分別為 6 和 5，夾角為 45° 的三角形面積是 ＿＿＿＿＿＿＿ 。

4. 在括弧內寫出和左端不同的角的度數，使等式成立

$\sin 40° = \sin ($ 　　 $)$，$\sin 170° = \sin ($ 　　 $)$。

絕大多數學生都在幾分鐘內順利完成，而且回答得很準確。

在檢查了學生課堂練習後，教師乘勢作了新的引申：

【片段四：正弦再認識】

師：請同學們繼續研究平行四邊形的面積（圖 9），點 *B* 到 *AC* 的

距離是多少？

生：線段 *BA*。

師：對，那麼在圖 10 中點 *B* 到 *AD* 的距離是多少呢？

生：（很多學生齊聲）*BC*。

師：（繼續追問）長方形 *ABDC* 面積為多少？

生：*BA* × *AC*。

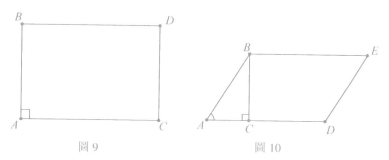

圖 9　　　　　　　　　　圖 10

師：那麼平行四邊形 *ABED* 面積是多少呢？

生：*BC* × *AD*。

師：（繼續分析）我們知道從長方形（圖 9）變為平行四邊形（圖

10），面積打的折扣就是 $\sin A$。而平行四邊形的面積為底乘高，當長方

形 *ABDC* 的角 *A* 發生變化，長方形（圖 9）變為平行四邊形（圖 10）時，

它的底有沒有變化？

生：（齊聲）沒有！

師：那麼到底是誰打了折扣呢？

生：高！

師：對！就是這個高打了折扣，所以面積變化是由高的變化所引起的，其實就是高打了 $\sin A$ 折，即 $BC = BA \times \sin A$。（繼續啟發）根據小學學過的折扣的知識，BC 是由 BA 打 $\sin A$ 折得到，那麼 $\sin A$ 又可以怎樣表示？

生：$\sin A = BC / BA$。

師：（指着圖 10）同學們，在直角 $\triangle ABC$ 中看，角 A 的正弦與邊的關係是……？

生：$\sin A$ 是角 A 的對邊與斜邊的比。

然後，教師又讓學生拿出含有 30° 角的三角板，通過度量 30° 角所對的直角邊與斜邊長度，驗證

$$\sin 30° = \frac{對邊}{斜邊} = \frac{1}{2}。$$

於是師生共同得出結論四：在直角三角形 ABC 中，一個銳角 A 的正弦等於這個角的對邊與斜邊之比。

【練習二】

1. 如圖 11，$\triangle ABC$ 中 $\angle C = 90°$，$BC = 6$，$\sin A = 0.6$，求 AB 的長。
2. 在第 1 題中如果 $AC = 8$，求 $\sin B$。

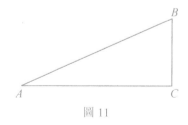

圖 11

3. 比較大小

（1）sin30°＿＿＿＿＿＿sin80°。

（2）sin100°＿＿＿＿＿＿sin140°。

4. 兩塊同樣的三角板如圖 12 放置，則黑色部分的面積是否相等？為甚麼？

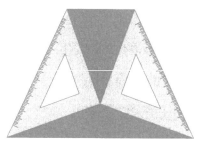

圖 12

從練習二的情況看，多數學生對前三個練習解答都比較順利，對第四小題，儘管有個別同學能夠寫出答案，不少同學仍感到困難。但他們在教師的啟發、引導下，大多數學生還是很快弄明白，課堂練習順利完成。

（三）課後了解。目的：了解學生學習興趣，進一步鞏固學習的信心。

下課後，我就近問旁邊的同學：「正弦是甚麼？」幾個學生搶着說：「正弦就是打折」，我又問：「今天老師講的內容能聽懂嗎？」他們一起回答說：「懂」。

三、教學反思

分析「重建三角」的教學過程，結合穿插在教學過程中形成性檢驗的結果分析，我們可以得出：

1. 用直觀的「面積」、「折扣」引入較為抽象的「正弦」概念，能降低教學台階，學生掌握新概念比較順利。而且由於抽象概念的形象描述，克服了以往正弦概念教學中從抽象到抽象的弊端。

2. 以「面積」、「折扣」為過渡性概念作鋪墊，教學引申比較順利，變式訓練的難度大大降低。學生在學習過程中始終保持濃厚的興趣，對後續學習產生了強烈的期待，學習的動力被進一步激發。

3. 從數學思維的培養角度分析，「面積」的引入拓展了學生對正弦概念的「形」的思考，而「折扣」的引入又啟動了學生的「數」的思維。這種全新的課程邏輯體系將有利於學生「數、形」融合，使後續學習的思維空間得到整體的拓展，防止數學整體思維的人為割裂。

綜上所述，「面積」和「折扣」並不是本節課教學的目標性概念，而是一個有用的、為引入和理解正弦涵義的形象的過渡性概念。「面積」「折扣」的引入不但有利於降低學習的台階、降低教學的難度，更為重要的是，通過這兩個過渡性概念的引入，在三角、幾何、代數間搭建了一個互相聯繫的思維通道。我們希望，這一嘗試能為「重建三角」的教學探索提供一個教學案例。

參考文獻

［ 1 ］ 張景中。〈重建三角，全盤皆活──初中數學課程結構性改革的
一個建議〉。《數學教學》，2006(10)：封二～4。

［ 2 ］ 張奠宙。〈讓我們來重新認識三角──兼談數學教育要在數學上
下功夫〉。《數學教學》，2006(10)：5 ～ 10。